不败的花园——宿根花卉全书

小黑晃 著
药草花园 译

長江出版傳媒 | 湖北科学技术出版社

目 录

花朵开放前夕的东方虞美人，分开在两边的萼片仿佛是两只耳朵，顽皮的面容娇俏动人，就像毛绒玩具般有趣。

年复一年精彩不断的宿根植物花园

洋溢着生命的气息 充满发现与喜悦的小宇宙

在宿根植物花园里，上演着四季不同的花卉演出，令人充分感受到季节的变迁。这可以说是宿根植物的一个特殊魅力。宿根植物让人一时很难想到具体的优点，这也就需要我们把宿根植物当作具有多样性的植物群体，而不是单种植物，并且是从花园整体的角度出发来观赏。同时，把自己同化为整个花园小宇宙的一部分，就可以发现每种宿根花卉都绽放出不可思议的魅力，好像小动物一般生动地撒娇和舞蹈起来。

宿根植物让我们每天都有新的发现，感受到生命的跃动。随着时间流逝，小小的宿根花苗变成繁茂的丛生植株，年复一年为花园带来光彩和喜悦，这可以说是宿根植物花园最大的魅力。

栽培初期，我们可能对如何管理好宿根植物有很多疑问。但是在反复尝试和犯错误的过程中，持续不懈地探究下去，就会逐渐了解其中的规律，并积累经验来守护宿根植物花园。

另外，要想让花园在春夏秋冬都保持最佳状态，这几乎是不可能的。一年中既有若干个短暂的小高潮，也有完全不适合园艺的时节。在这个过程中，植物展现给我们四季不同的面貌，小鸟和昆虫也时常来做客，每天都收获小小喜悦，生活变得更加丰富多彩。让我们通过营造和打理宿根植物的花园，学会和这些美妙的生命和谐共处吧。

花朵中心高高隆起的松果菊。随着开放花瓣会下垂，仿佛光头小和尚般可爱。

合适的素材、合适的场所，打造舒适清新的花园

光线、水、空气、湿度，是植物不可或缺的要素。光照量、光线的强弱等不同，适合栽培的品种也各不相同。另外，植物也有对环境的适应性，随着光照条件的变化，相同的品种可能呈现出不同的样子来。植物对光照有一个适应的范围，能够适地适种，就可以让植物从容地展现出本身的美感。同时这些植物才能和周边的小动物相互依存，共同造就出一个和谐的生态系统。

仔细观察花园里不同区域的环境，选择适合的植物品种，维护和管理工作也相对容易。喜欢同样环境条件的植物往往易于组合和搭配，看起来也会更协调。

花园和阳台都是居住场所的延伸，既可以观赏风景，同时植物的香气和颜色也共同创造出舒适的居住氛围。花费数年时间慢慢打造顺应环境的花园，发掘其特有的美感和协调感，这就是打造宿根植物花园的真正乐趣所在吧。

宣告春天到来的圣诞玫瑰

在寒冷中凛然开放的圣诞玫瑰，微笑着沐浴在冬日的阳光下。随着年份增加而长成大型植株，成为花色丰富的花坛主角。玉簪、老鹳草等宿根植物开始冒芽，葡萄风信子等小球根竞相绽放，越冬后的一年生野生紫堇和紫花野芝麻自由自在地开放，花园处处都是春意盎然。

在牛至的花朵上吸取花蜜的白沟蛱蝶十分可爱。各种各样的蝶类和蜜蜂交替飞来采蜜。

回荡在心中的花园礼物……

这是光与风、野草、昆虫、山峦……的一期一会，也是花园的表演者展现出千姿百态，与自然融为一体的时刻。

春夏秋冬，花园的四季姿态千变万化，层出不穷。每天的发现和细小的喜悦，造就了身边的小小宇宙。

凛冽寒风中绽开可爱小花的雪滴花，是非常适合雪景的名副其实的“雪之花”。

凤梨鼠尾草黄绿色的叶片映衬着鲜红的花朵，散发出水果般的芳香。

秋牡丹开花后圆球形的果实绽开，露出棉花一般的种子。很快，细小的种子就要乘着秋风向远方旅行了。

像枯枝一样的螳螂，有时也会有这样珍稀的昆虫来拜访，这是自然派宿根花园的特有景色。

在自家花园里可以看到甲斐的驹岳，雄伟险峻的山峰一直延续到日本阿尔卑斯山，即使在盛夏，山顶也残留积雪。夏季有各种高山植物盛开鲜花。

叶片的演出

半阴地的角落里，掌叶铁线蕨等各种不同的叶片成了主角。大大小小的玉簪和观叶类地被植物竞相登台，展现出无限的生机，混合种植球根植物或是耐阴的凤仙花都非常合适。

射干的花朵美丽，黑色的种子也非常独特。种子掉落前会保留一段时间，可以用作干花装饰。

沐浴在灿烂如金的阳光中

美妙的花朵渐次开放，向阳花园的花卉品种格外丰富，可以尝试富于变化的植栽。向阳处植物生长快，四季的变化清晰可见，也适合将宿根植物和一年生植物组合。通过改变观赏的视线角度和方向，可以看到各种不同的风景。

根据日照条件来查找宿根植物

从向阳处到全阴处，根据花园的日照条件介绍相应的宿根植物。确认宿根植物的开花期、株高、宽幅等数据后，就可以根据环境条件来选择适宜的植物。

营造宿根植物花园的第一步
——了解花园的日照条件

在阴处也可以打造宿根植物花园

了解花园的光照条件，是选择适宜栽培的宿根植物必不可少的工作。把喜好光照的植物种到荫蔽的地方，就会导致花量减少、植株孱弱甚至枯萎的结果。

把心爱的宿根植物种植到不适合的地方，就不能培育成茁壮的植株。相反，狭小的花园和光照条件不好的院子中，如果选择了正确的品种，打造优美的宿根花园也不是梦想。

首先确认日照时间

可以根据日照时间将栽培地分为向阳处、半阴处和全阴处3类。向阳处指的是一天中可以照到半天以上阳光的地方，半阴处是一天中有2~3小时日照的地方，而全阴处则是几乎照不到直射阳光的地方。

确认栽培地是属于向阳处、半阴处还是全阴处后，就可以大致把握适宜栽培的宿根植物了。

另外，阳光从哪个方向照射过来也很重要。花朵多数是向着太阳开放，种植的方向不对，就只能看到花朵的背面。季节不同，日照时间和直射区域也不尽相同。因此，先认真确认自家周围的环境，把握正确的日照时间吧。

要确认的条目

- ☑ 一天之中可以照到几小时的阳光?
- ☑ 是上午还是下午可以接收到光照?
- ☑ 阳光是从哪个方向射来的?
- ☑ 不同季节，日照有什么变化?

场地的方位和日照

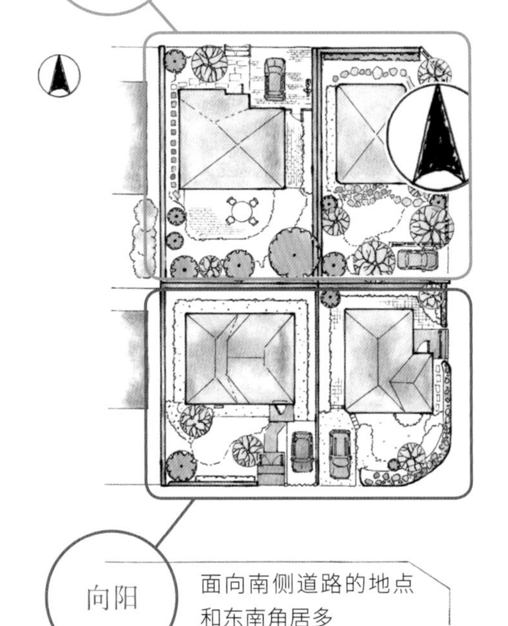

无论哪种花园都有向阳至全阴的各种区域，根据区域的日照条件进行选择，宿根植物自然就可以茁壮生长。

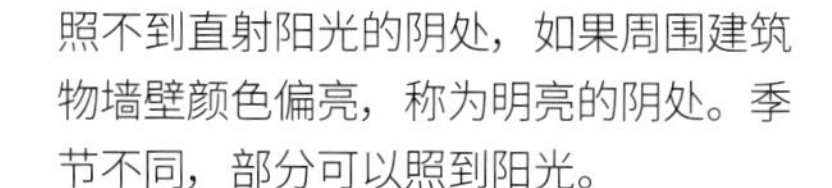
照不到直射阳光的阴处，如果周围建筑物墙壁颜色偏亮，称为明亮的阴处。季节不同，部分可以照到阳光。

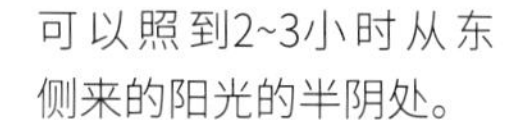
可以照到2~3小时从东侧来的阳光的半阴处。

向阳

面向南侧道路的地方的日照案例

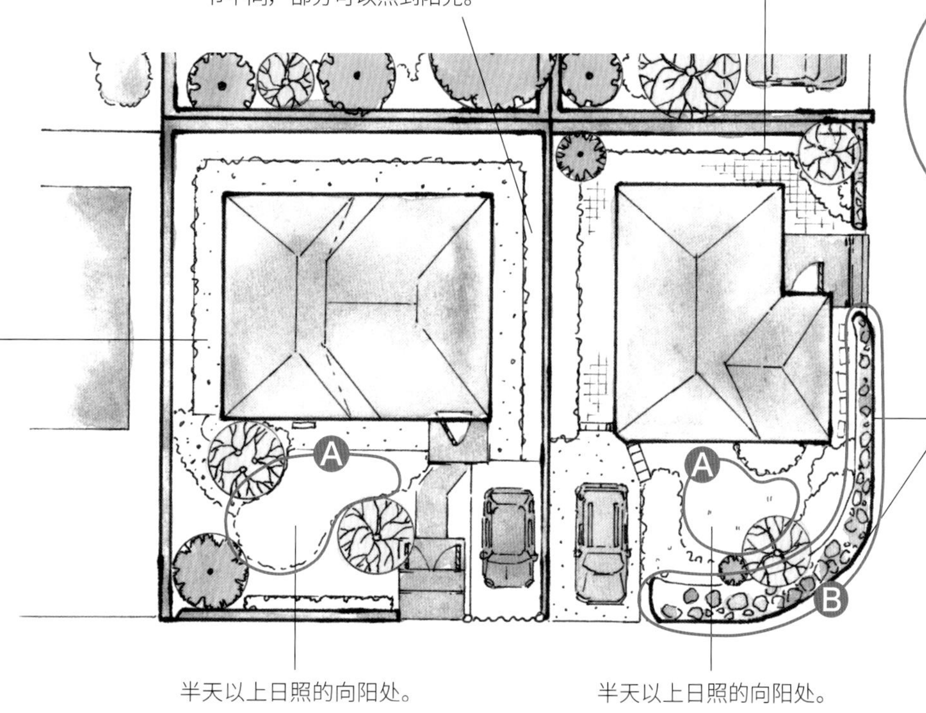

直射阳光照不到的阴处，周围建筑物墙壁颜色偏亮，可以称为明亮的阴处。

面向东南的向阳处矮石墙，适合种植干燥的向阳处植物。

半天以上日照的向阳处。

半天以上日照的向阳处。

向阳的区域

向阳处

一天中可以照到半天以上阳光的向阳处，南侧开阔，没有高大的墙壁或建筑物。适合向阳处的宿根植物有很多种，可以根据喜好来自由组合。

不过喜阳的植物生长旺盛，在高大的植物荫翳下，低矮的植物生长不佳，在组合时必须注意。

向阳干燥处

向阳处的土壤干湿条件不同，适宜栽培的宿根植物也不同。大戟等喜好阳光但是厌恶潮湿环境的植物，就适合种植在矮石墙、岩石园或是坡地这类干燥的向阳处。

向阳处的植栽

图处 A

南侧开阔，周围没有高大建筑物的向阳花园，多数宿根植物都可以健康生长。要想培养成大型植株，种植时必须预先考虑好3年后的高度和宽幅，预留充足的空间。

向阳干燥处的植栽

图处 B

喜好阳光，厌恶高温、多湿环境的大戟等宿根植物，适合种在矮石墙和岩石园等排水良好的地方。

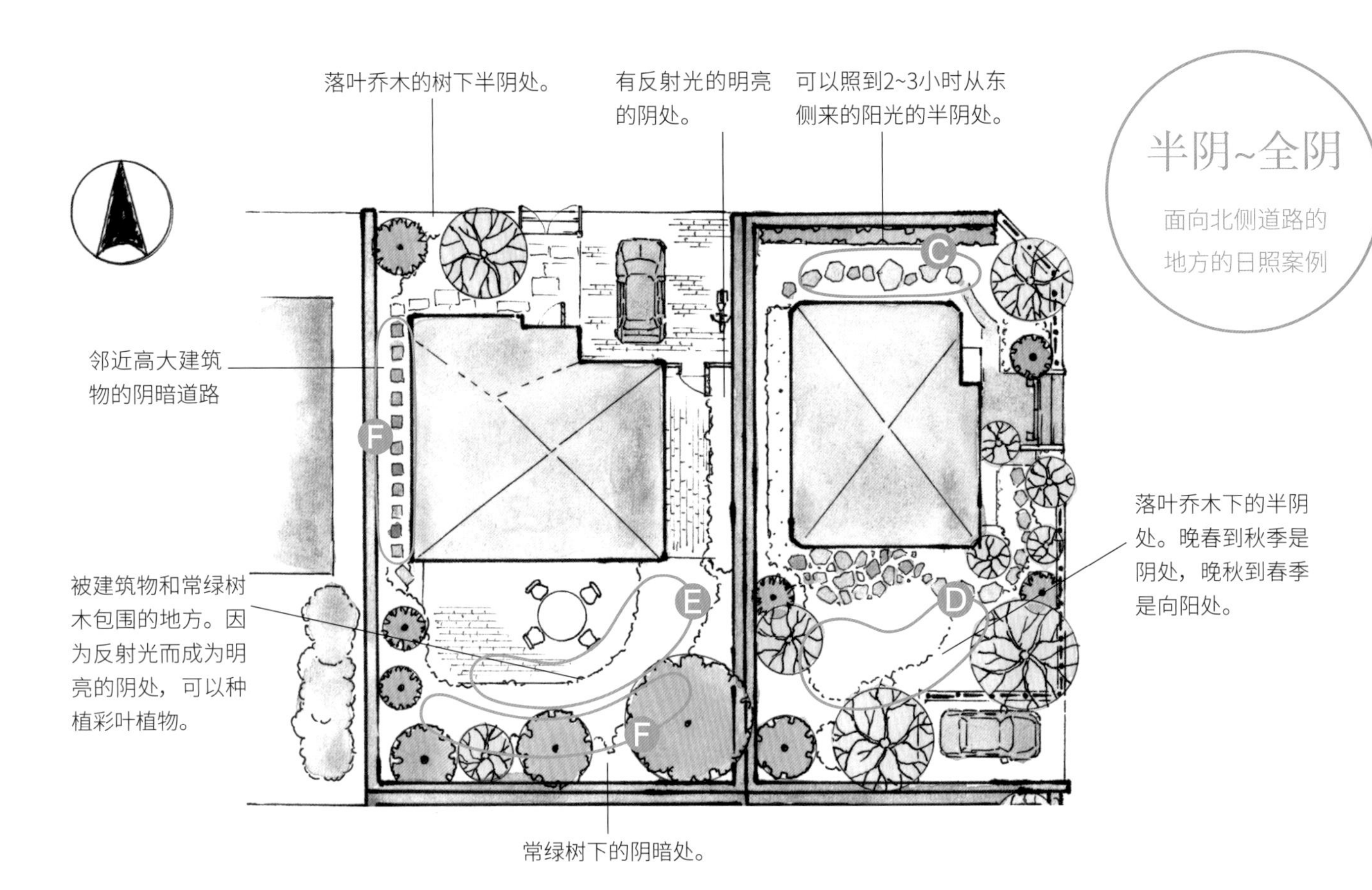

半阴的区域

半阴处

一般的住宅区里，在房屋周围常有能照到2~3小时阳光的半阴区域。只有早晨能照到阳光的道路、空间狭窄的小院子，这样的地方其实大多数喜阳植物都可以生长，但由于半阴的缘故生长缓慢，有时反而容易栽培和管理。（译注：因为不会长得太大）

半阴处（落叶树下）

晚春到秋天是阴处，晚秋到来年春天是向阳处，日照条件根据季节变化的特殊场所。还有种植四照花、枫树等落叶树木的花园，夏季树叶挡住强烈的阳光，冬季落叶后就形成温暖的向阳处。温带地区山野里生长的宿根植物都非常喜好这种环境，最适宜营造出四季变化的场景。

半阴处的植栽

图 C 处

一天可以照到2~3小时阳光的地方。适合在半阴处生长的宿根植物中，也有颜色鲜艳的花卉，可以制造出明亮的氛围。

半阴处（落叶树下）的植栽

图 D 处

落叶树下是河青花、樱草、花葱等山野间常见的花草最适合的环境。

阴处的环境

明亮的阴处

四周被建筑物包围的场所，北侧的狭窄道路等太阳照不到的地方，在密集住宅区常常可以看到。虽然统称为全阴处，实际上根据阴暗程度，可以种植的宿根植物也不同。即使照不到直射阳光，如果周边建筑物的墙壁是白色或米色等明亮的颜色，可以借由反射光提高亮度。这种明亮的阴处甚至可以种植凤仙花等一年生草花，植栽的选择范围较广。

全阴处

阴暗程度越强，可以种植的开花植物种类越少，花量也越少。在常绿树下这类全年都十分阴暗的地方，可以选择彩叶或亮色叶片的植物，通过创造明快的色泽，改变整体环境的阴森印象。另外，全阴处的植物生长缓慢，可以通过改良土壤和排水，以此抵消恶劣的光照环境影响。

明亮的阴处的植栽

图 E 处

周围被建筑物包围而照不进阳光，但是四周的墙壁都是白色，可以保证一定的亮度。在这里，矾根等植物的叶色显得更加鲜艳。

全阴处的植栽

图 F 处

可以生长的植物十分有限。在道路两旁种植麦冬等耐阴性强的植物，可以让阴暗的区域呈现出绿色的生机。

根据季节变化的太阳的高度和方位角

一年四季，太阳的高度角和日出日落的方向都会像左图一样变化。夏季的早晨太阳很早就升起，日落则很晚，全天的日照时间很长。相反，冬季的日出很迟、日落较早，日照时间较短。

另外，夏季的太阳高度较高，光线从头顶直射，有些在春秋季是阴处的地方，夏季也会变成向阳处，季节变化，日照时间和日照范围也有很大的变化。

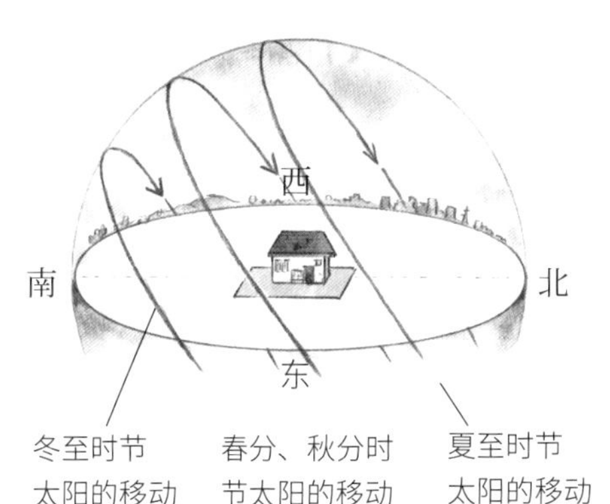

宿根植物目录的使用方法

宿根植物目录的图标说明

A **植物名**

植物中文学名，常用的别名也有收录。

B **拉丁学名**

属名+种名的标记方法，一部分种间杂交而种名不明的种类只标记属名。

C **植株休眠期状态**

落叶：地上部分枯萎，地下部分过冬或过夏。

半常绿：枯萎成莲座状，冬季芽点或生长点露出在地面上。

常绿：不落叶。

D **适宜的土壤类型**

干燥：排水良好，保水力低的土壤。

适度湿润：排水良好，富含腐殖质，也有一定保水力的土壤。

湿润：保水力高的土壤。

E **耐寒性（❄）**

强：可耐-10°C的低温，可地栽过冬。

普通：可以耐-5°C的低温，地栽过冬的品种。

弱：0°C左右勉强过冬，0°C以下植株就会冻死。

F **耐热性（☼）**

强：盛夏白天最高气温超过30°C时，生长不受影响。

普通：勉强可以承受盛夏的炎热。

弱：长期持续炎热生长就会衰弱，有些品种会枯萎死去。

G **花期（✿）**

开花的时间，根据地区和栽培条件会有偏差。

H **株高（高）** 单位（cm）

植物的高度，以成年植株花茎的高度为准。

I **宽幅（幅）** 单位（cm）

种植后3年左右的成年植株的宽幅。

J **形态特征和栽培要点**

植物的形态特征和栽培管理的要点，在花园中的运用方法等。

K **是否需要限制根茎和繁殖方法**

限：地下茎生长旺盛，需要限制植物的生长区域。

扦：通过扦插来繁殖。

株：通过分株来繁殖。

种：通过播种繁殖。

6种不同日照条件下的植物介绍

向阳处、向阳干燥处、半阴处、半阴处（落叶树下）、明亮的阴处、全阴处这6种日照条件来介绍适宜的宿根植物。根据栽培环境除了可以查找相应的宿根植物，也便于查找一起搭配的植物。

向阳处

一天有半天以上日
照的中等湿润地点。

住宅南侧开阔的地方，适合大多数植物生长，可以栽培大多数一年生植物、蔬菜等。根据周边的建筑和树木情况，一天中也有短暂阴影的时候，根据上午可以照到阳光或下午照到阳光的区别，植物的生长状态有所不同。向阳处的阳光和水分充足有利于植物进行光合作用，生长较快，季节变化也较大，可以打造成在公园里才能见到的草花花坛或花境园中的壮美植栽。

堆心菊、百子莲、一枝黄花等竞相开放的向阳花坛。颜色鲜艳的宿根植物中混植着红色的小花大丽菊，色彩缤纷。

皱叶一枝黄花‘烟火’

Solidago rugosa ‘Fireworks’

~ 强 强 晚夏

高 60~100 幅 50~80

众多黄色小花聚集成穗状开放，就像喷射出的烟火一样。6月贴着地面强剪可以促使在较低位置开花，地下茎蔓延生长，需要控制根系。不需要追肥。

限 扦 种

心叶两节荠

Crambe cordifolia

~ 强 普 夏

高 100~150 幅 100

具有存在感的大型宿根植物，白色小花集群开放。植株不长到足够大不会开花，应在宽广的地方耐心培育。改善排水以利于根系深扎。植株容易招青虫和小菜蛾，要注意预防。种

美洲斑鸠菊

Vernonia noveboracensis

❄强 ☼强 ✿夏

高 100~200 幅 50~100

强健的大型宿根花卉，鲜艳的紫红色花序令人印象深刻。在宽阔的地方可以茁壮生长，充分发挥本来的美感。剪掉残花后分发侧芽，夏季可以再次开花。

扦 株

堆心菊

Helenium

❄强 ☼强 ✿夏~秋

高 60~150 幅 30~60

别名团子菊。随着开放时间，花瓣呈现出深浅不同的颜色，非常美丽。习性强健但不会蔓延，容易管理。夏季开花的品种剪掉残花后会再次开放，秋季开放的品种在6月摘一次心，植株会更加紧凑。肥料过多会造成徒长。

株

山桃草

Gaura lindheimeri

❄强 ☼强

✿初夏～秋 高 80～150 幅 60～100

又名千鸟草。花开的姿态非常优雅，让人觉得豁然开朗。花期长，一边开放一边生长，可以回剪数次，整理株形。也有矮小的紧凑型品种。

扦 株 种

蓝花赝靛

Baptisia australis

❄强 ☼强 ✿初夏

高 100 幅 30～40

又名澳洲蓝豆。仿佛是羽扇豆的瘦身版，紫色的蝶形花和丰满的株形给人自然清新感。在宽广处群植效果惊人，和黄花的品种不同，没有地下茎延伸，可以放置数年不用管理。

种

一枝黄菊

Solidago × luteus

❄强 ☼强 ✿夏

高 50～80 幅 30～60

一枝黄花和翠菊的种间杂交品种。集群开放的淡黄色小菊花，随着开放会慢慢变成白色，观赏期很长。厌恶多湿，喜好日照、通风良好的场所。植株密集后易发生灰霉病而枯萎，所以要及时分株。

扦 株

蓝刺头

Echinops ritro

🍃 💧～💧 ❄强 ☼强 ✿初夏～秋

高 80～150 幅 40～60

极有个性的姿态和清爽花色，极富魅力。粗壮的直根深入土壤深处，宜种植在排水良好的地方。根据品种和栽培环境，有时可以开花到秋季。如果盆栽需要用大型深花盆。可以根插繁殖。 株 种

蓝刺头‘薇姿蓝’

Echinops ritro ‘Veitch's Blue’

🍃 💧～💧 ❄强 ☼强 ✿初夏～夏

高 80～100 幅 40

蓝刺头的小型品种。相比基本种，株形矮小，小型的花球呈深蓝色，非常醒目。栽培管理要点和基本种一样，如果排水差就会发生根腐现象，应注意防范。 株

锦葵‘蓝泉’

Malva sylvestris ‘Blue Fountain’

🍃 💧 ❄强 ☼强 ✿初夏～夏

高 50～80 幅 40～50

锦葵中少有的蓝紫色花品种，花色从中心向外慢慢变淡，不耐闷热的气候，应在排水和通风良好处栽培。不耐移植，老植株利用实生和扦插来更新。注意预防卷叶蛾。 扦 种

锦葵‘甜蜜十六岁’

Malva ‘Sweet Sixteen’

🍃 💧 ❄强 ☼强 ✿初夏～秋

高 100～200 幅 80

半重瓣的粉红色花，柔美可人，花期长，株高较高，可种在花境的后排。开花后会长高，在花茎中间截断、促进抽发分枝后会再次开花。回剪可以保持小株形。 扦 株

麝香锦葵

Malva moschata

🍃 💧 ❄强 ☼强 ✿初夏～夏

高 30～60 幅 30～40

好像薄纸做成的花朵在分枝的枝头次第开放，花色有粉红和白色，不耐潮湿，需要做好排水和通风。花后回剪。不喜移植，老植株一般用种子实生来更新。注意预防卷叶蛾。 种

柳叶向日葵‘黄色潜水艇’

Helianthus salicifolius ‘yellow Submarine’

强 强 秋

高 50～80 幅 30～60

夏季结束后进入盛花期，株形整齐，花量也多，丰满旺盛。在日照和排水好的地方长势良好，可以在花后或春季前分株。 扦 株

全缘金光菊‘黛米’

Rudbeckia fulgida var. *'deamii'*

～ 强 强 夏

高 40～80 幅 30～50

全缘金光菊的变种，花后绿色的萼片残留，值得观赏。不会快速繁殖，植株寿命较长，秋季应回剪到基部。喜日照，但是如果土壤排水良好，半阴处也可以生长。 株 种

金光菊‘绿巫师’

Rudbeckia occidentalis ‘Green Wizard’

强 普 夏

高 60 幅 30

花色比较淡雅，绿色的花瓣和褐色的花心对比十分奇特。植物生长较慢，不耐高温高湿，夏季容易衰弱。可以盆栽。 株 种

大金光菊

Rudbeckia maxima

～ 强 强 夏

高 200～250 幅 50

又名草原金光菊。灰蓝色的叶片十分美观，在金光菊中属于大花型。棕黑色花心高高突出，从远处看来十分醒目。病虫害少，容易栽培。因为株形巨大，要慎重选择种植的场所。 株 种

棕眼金光菊‘高尾’

Rudbeckia triloba ‘Takao’

～ 强 强 夏～秋

高 40～100 幅 30～60

花期长，花朵持久性好，习性强健，对环境要求不严，容易栽培。散落的种子可以自播繁殖，需要间隔一定空间来控制。在6月回剪后可以在较低位置开花，老株在花后容易枯死。 株 种

组约紫菀'纪念'
A.novae-angliae 'Andenken an Alma Pötschke'

紫菀
Aster

强 强 夏～秋
高 80～100 幅 50～80

紫菀类的统称，有像野菊花的品种，株高、花朵大小、花色、花形都很丰富，可以根据场合和用途来选择。晚花品种在6月贴着地面回剪一次可以保持在低位开花。 扦 株

槭葵
Hibiscus coccineus

强 强 夏～秋
高 150～250 幅 100～200

大型的宿根植物，在宽阔的地方生长旺盛。有红花种和白花种，还有与芙蓉葵的杂交种。晚秋回剪到贴近地面处。容易受卷叶蛾侵害，靠近地表的茎里也易钻入蝙蝠蛾的幼虫，需要注意防范。 扦 株 种

芙蓉葵
Hibiscus moscheutos

～ 强 强 夏～初秋
高 100～150 幅 80～100

比人脸还大的花朵魅力十足，可以在宽广的花园里作为标志性花卉种植。养分供应不足时开花会变小，数量也减少，在发芽后应该追肥两次。注意防范卷叶蛾。 株

气球果

Gomphocarpus physocarpus

❄弱 ☼强 ✿夏、秋(观果)

高 100～150 幅 40～60

又名钉头果、气球唐绵。直径6~7cm的果实可以做成干花观赏，白色的小花也很可爱。不耐寒，可以春播作为一年生植物。0°C以上可以越冬，第二年后植物会长成灌木状。 种

块根马利筋

Asclepias tuberosa

❄强 ☼强 ✿初夏

高 80 幅 30

鲜艳的橙黄色花朵，样子奇特，在花坛中十分显眼。花后结出纺锤形的大型果实，成熟后散出很多带有丝毛的种子，随风传播。容易滋生蚜虫。 株 种

随意草

Physostegia virginiana

❄强 ☼强 ✿夏～秋

高 60～100 幅 30～80

花朵朝向四面均匀开放，看起来很规整，十分受欢迎。习性强健，是夏季里珍贵的开花植物。容易增殖，需要限制根系或是清除掉不要的植株。中心部分衰弱后可以挖出来分株更新植株。 限 株

宿根六倍利

Lobelia x speciosa

❄强 ☼强 ✿夏

高 30～80 幅 20～40

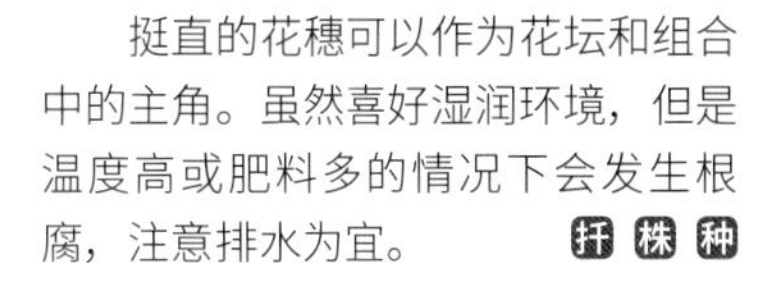

挺直的花穗可以作为花坛和组合中的主角。虽然喜好湿润环境，但是温度高或肥料多的情况下会发生根腐，注意排水为宜。 扦 株 种

日光菊‘华姬’
H. helianthoides var. *scabra* ‘Hana-hime’

日光菊‘夏夜’
H. helianthoides var. *scabra* ‘Summer Nights’

日光菊
Heliopsis helianthoides

❄强 ☼强 ✿初夏～秋
高 80～150 幅 30～60

又名赛菊芋。习性强健，生长旺盛。单瓣花品种可以由散落的种子繁殖，需要间苗控制。重瓣花品种株形更紧凑，观赏期长，容易运用。

扦 株

冬波斯菊
Bidens ferulifolia

❄普 ☼强 ✿秋
高 60～150 幅 60～150

从晚秋到冬季都可以绽放。除了黄花种以外，还有白花和花边品种。习性强健，对环境要求不严。7月剪到地面可以保持株形紧凑，开花不倒伏。地下茎蔓延繁殖，需要限制根系。

限 扦 株

疏毛毛蕊花
Verbascum chaixii

❄强 ☼普 ✿初夏
高 60～100 幅 30～40

相对小型的品种，小花沿着长花穗逐渐开放，可以长期观赏。在花盆里会保持更紧凑的株形。也有花心深色的园艺品种。

种

紫毛蕊花‘维奥利塔’
Verbascum phoeniceum ‘Violetta’

❄强 ☼普 ✿初夏
高 60～100 幅 30～40

毛蕊花园艺品种，薰衣草色的花朵大而美丽。花穗从下往上开放，在花园里种植数株群生，效果斐然。栽培时应注意充分运用其修长的纵向线条之美。

种

百子莲

Agapanthus

~ ~ 强~弱 强

初夏~夏 高30~150 幅30~100

百子莲除了常绿种以外，也有冬季落叶的品种。其花朵给人清凉的感觉，坚挺有力的姿态非常动人。花色有深蓝色、白色等，除了单瓣花以外还有重瓣花、花叶等丰富的变化。习性强健，几乎不用管理，但是部分耐寒性较差的品种，在寒冷地区宜种在花盆里。多数品种可以分株和实生繁殖。实生繁殖时花色会随机变化，呈现出个体差。 株 种

叶宽2~3cm的宽叶品种

历史悠久的栽培种。习性强健，但在寒冷地区叶片容易冻伤，叶片受损后第二年不会开花。

叶宽1cm的细叶品种

可耐受-2°C低温，温暖地区可以户外过冬，寒冷地方建议盆栽。容易繁殖，开花性也好。

'蓝铃'

花园用的落叶品种，耐寒，在寒冷地区的花坛也可以栽培。花筒短，中花型。

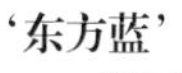

'东方蓝'

艳丽的深蓝紫色大花，叶片也宽，可耐0°C低温。有霜冻的地区可以用大钵栽培。

'白花种'

从大花型到小花型，有各种大小，耐寒性也各异，购买时应确认。

'白晃兰'

大型花叶品种，蓝紫色花，少花的季节作为观叶植物也很好。可耐受-2°C低温。

美国薄荷
Monarda didyma

❄强 ☼强 ✿初夏～夏
高80～120 幅40～60

红色、粉色、淡紫色、白色等花色十分丰富，有些品种会得白粉病。花后奇特的圆球形果荚也很值得观赏。地下茎蔓延，2~3年分株一次。 限 扦 株 种

莸'雪仙子'
Caryopteris divaricata 'Snow Fairy'

❄强 ☼强 ✿夏～初秋
高60～100 幅40～60

带白斑的清凉叶片在向阳处也不会晒伤，在夏日的花坛里十分难得。夏季从白色叶片中开放出蓝色花。习性强健，对环境要求不严，从向阳处到全阴处都可以生长。花后剪掉花穗，可继续观赏叶片。 扦 株

假藿香蓟'巧克力'
Ageratina altissima 'Chocolate'

❄强 ☼强 ✿夏（观叶期春~秋） 高60～80 幅30～40

可以作为紫叶植物和叶色明亮的绿叶草花组合。厌恶高温高湿环境，可以在植株下方种些地被植物来降温。 株

毛叶剪秋萝
Lychnis coronaria

❄强 ☼普 ✿初夏
高80～100 幅40～60

叶片为白色法兰绒质的厚叶。在分枝上逐渐开花。不耐高温高湿和闷热，宜在日照和排水良好处种植，并经常利用分株和种子更新植株。 扦 株 种

白花

深红花

粉红花

耀眼的鲜红色花朵，连花心也带有红色。鲜艳的色彩作为夏日花坛的点睛一笔再合适不过。

A ‘粉双辉’ *E.purpurea* ‘Pink Double Delight’

B ‘奶昔’ *E.purpurea* ‘Milkshake’

C 紫松果菊 *E. purpurea*

松果菊

Echinacea

强 强 夏

高 40～100 幅 30～50

又名紫锥菊。近年来随着育种研究的进展，松果菊人气愈发高涨，花色和花形都更富于变化，且花期长，开花不绝。在向阳和排水良好处，几乎不用费力就可以种植。市场上流通的紫松果菊多数是园艺品种，开花性好，持久性也很强，且花茎不倒伏，株形整齐，非常适于花园栽培。 株

‘绿色珠宝’ *E. purpurea* ‘Green Jewel’

黄松果菊 *E. paradoxa*

花瓣细长下垂，原生种，株高100cm。株形高挑纤细，容易倒伏。

田纳西松果菊 *E. tennesseensis*

花瓣细长，花瓣和花瓣间有空隙，显得纤细优美。

‘重瓣橙莓’ *E.* Double Scoop Orangeberry

‘白花’ *E. purpurea* ‘Alba’

‘丰收月’ *E.* ‘Harvest Moon’

珍珠蓍草
Achillea ptarmica

🍃 💧～💧 ❄强 ☼强 ✿初夏～夏
高 30～150 幅 30～100

细长的枝干上开放直径1cm左右的白色小花，以‘珍珠舞女’一类的重瓣园艺品种较为常见。地下茎繁殖，需要控制植株间隔。 扦 株 限

小火把莲
Kniphofia

🍃 💧 ❄强 ☼强 ✿初夏～秋
高 60～100 幅 30～50

比普通火把莲的叶片细长，花穗也较小型，在狭小的地方可以生长。开花期因品种各异，耐干旱，不耐水湿，需要良好的排水性。寒冷地区冬季要防寒。 株

茴藿香
Agastache foeniculum

🍃 💧 ❄强 ☼强 ✿初夏～夏
高 60～100 幅 30～50

很像藿香，具有清爽的芳香，花期很长。分枝性好，看起来野趣盎然。适合种在花坛后方作为背景，可以产生自然的效果。保持植株下部阴凉的话生长会更佳。 株 种

锈毛旋覆花
Inula hookeri

🍃 💧 ❄强 ☼普 ✿初夏
高 20～40 幅 30～50

旋覆花的一种，花朵直径6~7cm的大型花。被绵毛包裹的花蕾奇特有趣。种植时在土壤中拌入腐叶土以利于排水，茎干容易倒伏，不用支撑，自然倾斜也可以开花。 株

新风轮菜
Calamintha nepeta

🍃 💧～💧 ❄强 ☼强 ✿初夏～秋
高 30～60 幅 30～60

具有清新的薄荷味，花期非常长。株形较为整齐，几乎可以放任不管。如果生长过于繁茂，可以根据环境条件适度轻剪。大苗内部过密时可以分株。 扦 株

新西兰麻
Phormium

🍃 💧 ❄普 ☼强 ✿周年(叶)
高 50～150 幅 50 ～ 150

观叶植物，品种丰富，有不同叶色、花斑。可以全年观赏，管理省力，也适于盆栽放在玄关门口。老叶枯萎后剪掉即可。寒冷地区需要防寒。 株

红花钓钟柳

Penstemon barbatus

～ 强 强 初夏

高40～80 幅30～40

具有光泽的常绿叶片，成串开放大量红色细筒形花。土壤排水好的话，可以耐受高温高湿环境。老株容易腐烂，应尽早分株更新。 扦 株

毛地黄钓钟柳‘红叶’

Penstemon digitalis ‘Husker Red’

～ 强 强 初夏

高40～80 幅30～40

深沉的叶色优雅美丽，和白色花朵对比鲜明。习性强健，在排水好的地方易于种植，花后应回剪。植株老化后容易枯死，应在每年秋季分株更新。扦 株

牛至

Origanum vulgare

～ 强 强 初夏～夏

高30～80 幅30～60

香草的一种，可用于料理。开放大量小花，除了粉花和白花品种，还有特别多花的品种。花斑叶品种，可以全年观叶。在贫瘠的土壤里生长良好，多肥、多湿都会腐烂。 扦 株

沙斯塔滨菊

Leucanthemum × superbum

～ 强 强 初夏

高40～100 幅30～60

花朵就像是白色玛格丽特放大后的样子，有单瓣花和重瓣花品种，每年都可以保持茂盛的姿态。有些品种在花后回剪到基生叶处可再度开花。 株

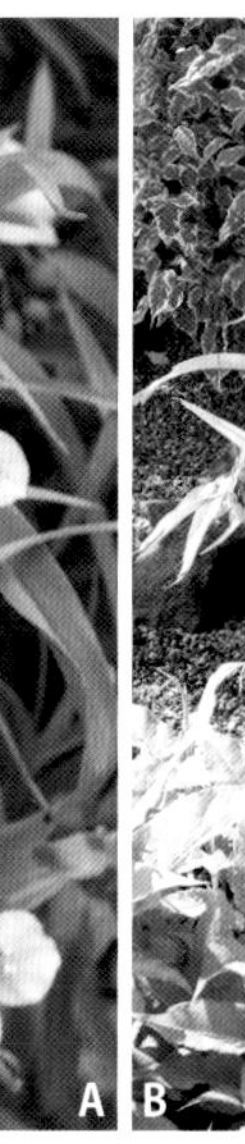

A ‘鱼鹰’ *T.* ‘Osprey’

B ‘甜凯特’ *T.* ‘Sweet Kate’

紫露草

Tradescantia Andersoniana Group

～ 强 强

晚春～秋 高30～80 幅30～80

园艺种，在阴天开放的花朵格外美丽，晴天会很快萎谢。花后把茎回剪到基部，会发出新芽，可调整株形。散落的种子会发芽，因此，应及早收拾残花。 株

圆锥福禄考
P. paniculata

又名天蓝绣球、宿根福禄考。落叶品种，初夏到秋季开花，株高60~100cm，宽幅60cm。有些品种会罹患白粉病。花后剪掉残花，会分生侧芽再次开花。

福禄考
Phlox

～ ～ ❄强 ☼强
❀**春～秋** 高**10～100** 幅**20～60**

福禄考包括春季开花的丛生福禄考（又名芝樱）、夏季花坛的主角——宿根福禄考等众多人气品种，品种多到仅仅只靠福禄考一类就可以让花园花开不绝。从高挑的直立型到贴地生长的蔓生品种都应有尽有，大小尺寸也各不相同，可以根据用途自由选择。直立型的宿根福禄考、卡罗来纳福禄考、草地福禄考根据株高不同，可分别运用在花坛的前后方；耐半阴的林地福禄考则可用于花园树木的固根；而匍匐性的丛生福禄考适合矮石墙的石缝间，或是作地被覆盖。大多种类都适合日照和通风良好的地方。 扦 株

'粉红女士'
P. paniculata 'Pink Lady'

'大卫' *P. paniculata* 'David'

'小劳拉'
P. paniculata 'Little Laura'

'棉花糖'
P. paniculata 'Candy Floss'

卡罗来纳福禄考'比尔·博克'
P. carolina 'Bill Baker'

半常绿，春季开花。株高40cm，宽幅30cm，株形紧凑。习性强健，抗白粉病，可以连续数年放养。

从生福禄考 *P. subulata*

又名芝樱。常绿，春季开花，株高10cm，宽幅40cm。通常用作地被。植株过于拥挤时会枯萎，在秋季分株为宜。

匍枝福禄考 *P. stolonifera*

常绿，春季开花。株高20cm，宽幅40cm。通过匍匐茎来蔓延生长。可以耐半阴，西晒的干燥地区会导致植株衰弱。

蓝花福禄考 *P. divaricata*

半常绿，具有芳香的春花种。株高30cm，宽幅20cm。从根部蔓生不定芽，在半阴地生长良好。不耐闷热。

草地福禄考 *P. maculata*

落叶种，初夏到秋季开花。株高40~70cm，宽幅30cm。茎叶纤细，花穗细长。花色有粉红色、白色。闷热时候需要注意。上图是园艺种'娜塔莎'。

芳香福禄考 *P. pilosa*

半常绿，春季开花。株高40cm，宽幅20cm，与纤细的茎叶相比，花朵显得较大。从根部发出不定芽繁殖，不耐多肥高、湿环境。

蓝花泽兰

Eupatorium coelestinum

🍃 💧 ❄强 ☼强 ✿晚夏

高40～60　幅40～60

像藿香蓟一样的蓝色花序给人清爽的印象，除了蓝紫色花还有白花品种，在夏末的少花时节开放，是非常宝贵的宿根植物。习性强健、生长旺盛，通过地下茎蔓延成小群落。　扦 株

银叶菊

Senecio cineraria

🍃 💧～💧 ❄强 ☼强 ✿周年（叶）

高30～60　幅30～50

作为观叶品种全年都可以欣赏。过于潮湿时，植株下部的叶片枯萎，成为难看的株形。花开后应把花茎和杂乱的茎剪到地面，会从基部萌发新芽，重焕生机。　扦 株 种

蛇鞭菊

Liatris spicata

🍃 💧 ❄强 ☼强 ✿夏

高60～120　幅20～40

强劲有力的姿态，适合作为花坛中的主角。群植效果较好，有时也被当作球根种植。土壤过于潮湿时容易腐烂。花色有紫红和白色，也有株形低矮的品种。　株 种

射干

Iris domestica (*Belamcanda chinensis*)

🍃 💧 ❄强 ☼强 ✿夏

高40～100　幅30～40

叶片像扇子一般重叠生长，品种很多，园艺栽培多用矮生的品种。有时茎叶会翻转。花仅开一日，果实也有观赏价值。果荚爆开后露出黑色种子，会残留一段时间不掉落。　扦 株 种

花菖蒲

Iris ensata

🍃 💧～💧 ❄强 ☼强 ✿初夏

高60～100　幅30～40

日本名花，有江户系、伊势系、肥后系等园艺种。一般多用于水边的装饰，但没有池塘也可以栽种。喜好湿润的土壤，但并不需要泡在水中。在向阳处注意不要让土壤干透。　株 种

A 斑叶花菖蒲 适合用于花坛，白色的斑纹叶十分美观。

B 花菖蒲的一个园艺品种。适宜栽种在花园的潮湿处。

蜀葵
Althaea rosea

❄强 ☼强 ✿初夏

高 100～200 幅 60

修长的竖直线条在花园里非常醒目。梅雨季节花穗从下向上开放，梅雨过后花期也就结束了。花色很丰富，有重瓣等品种。高湿会引起烂根，特别要注意防范卷叶蛾。 种

芍药
Paeonia lactiflora

❄强 ☼普 ✿初夏

高 40～100 幅 30～80

花朵具有华贵感，品种很多。深耕土地后，利用堆肥和腐叶土混合栽种。不移栽的话数年后根部会肥大坚实，每年春秋季都要追肥。灰霉病会导致落蕾，需要注意防范。 株

猫薄荷
Nepeta × faassenii

❄强 ☼强 ✿晚春～初夏、秋

高 30～60 幅 30～60

薰衣草色的花朵与银灰色叶片搭配显得清爽迷人。花期长，习性强健，适合于花坛的边缘种植。随着开花植株会倒伏，下面的部分会因拥挤而难看。所以在花后应贴着地面修剪一次，重整株形。扦 株 种

春黄菊
Anthemis punctata

❄强 ☼普 ✿初夏

高 60～80 幅 40～50

如洋甘菊一般的白色小花，花朵叶片都给人十分自然亲切的感觉。和任何植物都容易搭配，特别推荐用于混合花境。花开后应用剪到地面。 扦 株 种

花大戟
Euphorbia corollata

❄强 ☼强 ✿夏

高 60～80 幅 30～40

白色的小花像大花满天星，非常独特，是大戟中相对耐湿耐热的品种，适合混合种植的花坛。在土壤里混合腐叶土，改善排水后种植。也耐干燥，可以利用根插繁殖。 株

石生委陵菜

Potentilla rupestris

❄强 ☼强 ✿春

高 30～50 幅 30～50

花茎高挑，上面成簇开放白色的小花。叶片很像草莓叶，适合种植在自然型花园和花坛的边缘。习性很强健，花后应进行回剪，去除残花，散落的种子可以自播。 株 种

高加索蓝盆花

Scabiosa caucasica

❄强 ☼普 ✿春

高 40～80 幅 30～40

别名紫盆花。园艺种的花朵比原生种更大，习性更强健。花色有淡蓝色至深蓝色、白色、粉色。不耐闷热，需保持排水和通风良好。易感染灰霉病，需要及时摘除残花和枯叶。 种

细瓣剪秋萝

Lychnis flos-cuculi

❄强 ☼普 ✿春

高 20～50 幅 20～50

深裂状花瓣，颜色有粉红色和白色。重瓣品种‘珍妮’的花特别持久。不耐闷热，花后应及时回剪。大株和老植株通过分株和播种（只限单瓣品种）来繁殖更新。 扦 株 种

足摺野路菊

Chrysanthemum japonense var.ashizuriense

❄强 ☼强 ✿秋

高 20～40 幅 30～50

生长在日本足摺岬到佐田岬之间地区的一种野生菊，特征是叶片背面为白色。叶片较小，植株也较矮，开花时白花覆盖全株，如果种在稍高的地方从上向下悬垂开放非常美丽。5~6月份摘心，可以保持植株紧凑。 扦 株

日本滨菊

Chrysanthemum nipponicum

❄强 ☼强 ✿秋

高 30～80 幅 30～80

具有光泽的绿色叶片和白色的清纯小花在秋日里分外美丽。茎干成亚灌木状，叶片有厚度，可以耐受强烈的日照和干旱，适合种在矮石墙等干燥处。如果放置不管会长得过长而倒伏，所以花后应回剪。 扦 株

松叶大戟

Euphorbia cyparissias

🍃 💧~💧 ❄强 ☼强 ✿春

高10～20 幅20～30

类似迷你型针叶树的株形，耐干旱，适合种植在花坛边缘、石缝间以及用于混合了沙砾的干燥地表作地被。不耐闷热，需要加强排水。从根部生发不定芽来繁殖。 株

高山矢车菊

Centaurea montana

🍃 💧~💧 ❄强 ☼普 ✿春

高30～40 幅30～40

如风车般的花朵富于野趣。株形结构好，柔和的花色和厚实的叶片极具魅力。不耐闷热，适合种植在排水好的抬升式花坛里。花色有蓝紫色、白色、紫红色、杂色等，还有叶片黄绿色的品种。 株 种

劲直马鞭草

Verbena rigida

🍃 💧~💧 ❄强 ☼强

✿初夏～秋 高30～50 幅30～50

花色从淡粉色到紫色变幻，浓淡不一。虽然品种不多，但是观感自然，与任何植物都很容易搭配。利用地下茎繁殖，习性强健，易于栽培。适合种植在花境的前方或中间。 限 株 种

琉璃菊

Stokesia laevis

🍃 💧 ❄强 ☼强 ✿初夏

高30～40 幅30～40

深裂的花瓣数重开放，趣味盎然。分枝多，花量大，株形美观。花瓣和花形都很有特色，值得观赏。种植在排水良好处，只要不极端干燥就会生长良好。 株

黄芩

Scutellaria baicalensis

🍃 💧~💧 ❄强 ☼强 ✿夏

高30～50 幅20～40

花量大，大花，栽培成大株后很有气势，也可以群植。直根性，粗壮的黄色根部可以用于药用。适合栽种在抬升式花坛等排水好的地方，耐干旱性好。 种

美丽月见草

Oenothera speciosa

🍃 💧 ❄强 ☼强 ✿春～初夏

高20～40 幅30～50

杯形的大花满株开放，明亮而华美。单朵花的寿命在3天左右，会不断开放。有粉色和白色品种，从根部发出不定芽繁殖。适合用作地被，也可以根插。 扦 株

北美金棱菊
Chrysogonum virginianum

❄强 ☼普 ✿春～夏
高 10～30 幅 30～50

植株自然密集成圆形，适合作为地被植物，基本可以放置不管。叶片全年常绿，也可以作为观叶植物欣赏。根据环境，可以适当修剪来控制株形大小。 扦 株

肉叶半边莲
Lobelia valida

❄普 ☼普 ✿春～初夏
高 20～40 幅 20～30

在品种众多的半边莲里，这种是直立开花的野生种。蓝色的清新花朵人见人爱。长成大苗后夏季容易因闷热而衰弱，分株过夏比较安全。 株 种

婆婆纳
Veronica

～ ❄强 ☼强
✿春～秋 高 5～150 幅 20～60

婆婆纳有很多品种，从匍匐的小型种到株高150cm的大型种都有。花色以蓝紫色为主，也有白色和粉色。多数是一季开花，有些杂交种在花后回剪的话可以再次开花。把不同品种组合栽种，可以从春季到秋季一直观赏。花坛里也可依据株高来选择品种，数株组合种植非常有效果。习性强健，仅偶尔见蚜虫，极少感染白粉病。 扦 株 种

鱼腥草'喀麦隆'
Houttuynia cordata 'Chameleon'

～ ❄弱 ☼强 ✿初夏（叶春～秋） 高 30～60 幅 60以上

五彩的叶片很美观，在树木下、建筑物墙壁间等小小空间也可以使用。依靠地下茎繁殖，有时需要控制生长。在光照好的地方叶片的红色会格外鲜明。

扦 株 限

血红老鹳草
Geranium sanguineum

～ ❄强 ☼强 ✿春～初夏
高 10～30 幅 20～50

属于老鹳草中容易栽培的一类，蓬松、繁茂，适于用作地被。光照充足排水良好处生长最佳，树木下和花坛边缘、石缝间也能生长，用途广泛。花色有深玫瑰色、粉色、白色。 株

穗花婆婆纳 *V. spicata*

落叶品种。初夏开花，株高50cm，宽幅30cm。直立生长的茎干顶端开放5cm长短的花穗。花色有蓝色、粉色、白色（如图）。

奥地利婆婆纳杂交种'蓝泉'
V. austriaca subsp. *teucrium* 'Blue Fountain'

落叶品种，春季开花，株高30cm，宽幅30cm，花色是鲜艳的蓝色。几乎没有病虫害。肥料过多会徒长。

长叶婆婆纳
V. longifolia Hybrid

别名兔儿尾，落叶品种。夏季至秋季开放。株高80cm，宽幅30cm。花色有淡紫色、白色、粉红色，剪掉残花后会再次开花。

弗吉尼亚婆婆纳'魅力'
Veronicastrum virginicum 'Fascination'

落叶品种，初夏开花，株高150cm，宽幅60cm。穗状花序分枝开放，个头较大，适合种在花坛后方。

A 华丽婆婆纳
V. ornata

半常绿，秋季开花，株高40cm，宽幅40cm。偏白色的叶片与蓝紫色花朵对比十分鲜明。习性强健，耐热，也能耐受海风。

B 龙胆婆婆纳
V. gentianoides

常绿，春季开花，株高40cm，宽幅30cm。极淡的蓝色花朵较大。相对别的婆婆纳品种更加耐旱，但不是很耐潮湿。

C 婆婆纳'乔治蓝'
V. umbrosa 'Georgia Blue'

又名牛津蓝。常绿，春季开花，株高20cm，宽幅40cm，从抬升式花坛的边缘垂吊下去尤为美观。不耐湿热，须加强通风。

A

B

C

海石竹

Armeria maritima

~ 强 普 春

高 10～20 幅 10～20

圆形的小花像发簪一样，覆盖全株开放。春季的花坛植物，很受欢迎，有白花等数个品种和品系。大型植株的内部容易腐烂，因此，每年秋季最好分株更新。 株 种

墨西哥飞蓬

Erigeron karvinskianus

~ 普 强 几乎全年

高 20～30 幅 20～50

刚开放时小菊花是白色的，逐渐变成粉色，开满全株。株形紧凑，极小的空隙里也能生长。散落的种子可以自己繁殖，应通过修剪和间苗来控制植株。 扦 株 种

银杯草

Nierembergia repens

强 强 初夏

高 5～10 幅 30以上

杯形花的直径3cm左右，和叶片对比显得大而醒目。通过地下茎繁殖，地毯状生长。注意栽种时周围不要被其他植物覆盖或遮挡。 株

匍茎通泉草

Mazus miquelii

~ 强 强 春

高 5～10 幅 30以上

通过地下茎繁殖的强健野草。除白色大花品种之外，还有紫花品种，从向阳处到全阴处都可以生长，病虫害也极少，不需要照顾，是特别适合用作防止杂草的地被植物。 株

过江藤

Phyla nodiflora var. canescens

~ 强 强 初夏～秋

高 5 幅 100以上

又名姬岩垂草，沿着地面密集生长，可以茂密覆盖小路。需要注意夏季的西晒。花色为粉色或白色，花期很长。生长迅速，需要及时剪掉多余的枝叶。 扦 株

轮叶金鸡菊

Coreopsis verticillata

~ 强 强 初夏

高 30～60 幅 30～60

纤细的叶片搭配简洁的花形，仿佛黄色的波斯菊。在石缝间这样的小空间里也可以生长。地下茎密集繁衍，株形紧凑，但是内部容易闷热，应经常修剪或分株。 株

夏雪草

Cerastium tomentosum

~ 强 强 春

高 20～30 幅 30～60

又名密毛卷耳。白色的小花像地毯一样铺开，适合用来覆盖花坛的墙缝和石头间空隙。夏季高湿时容易受伤害，花后应及时修剪，保持根部的日照和通风。老株可用枝条扦插更新。 扦 株 种

山桃草'棒棒糖粉'

Gaura Lillipop Pink ='Redgapi'

强 强 初夏～秋

高 30～40 幅 30～40

山桃草的矮型种。植株矮小，所以直立性好，花茎不容易倒伏，适合混合花坛，也适合盆栽。厌恶闷热的气候，进入梅雨前应将植株修剪到一半的高度。秋季会再次开花。 扦 株

观赏性强且具有抑制杂草效果的地被植物

地被植物是可以用于覆盖地面的植物的统称，包括大多数常绿植物、宿根植物和小灌木等。其中，有沿着地面蔓生的，也有低矮密集生长的，形态多种多样。可以用作地被植物的宿根植物有过江藤、筋骨草、小蔓长春花等，品种丰富，可以根据日照条件和设计来选择运用。

除了沿着花坛边缘和道路种植以外，地被植物还可以用于覆盖大树根部以及大型宿根植物间的空隙，在花园中的用途多种多样，亦可起到美化景观的作用。

另外，覆盖地表的另一个目的是防止杂草生长，在倾斜处还可避免水土流失。同时，地被植物缓和了土壤的温度和湿度的急剧变化，保证周边植物的根系健康生长。在下雨时还可以防止泥泞，可谓益处多多。

大多数地被植物都不需要特别照料也可以生长，但为了维持最好的状态，还是要通过修剪来整形，或者防止植株过度繁殖蔓生。另外，植株枯萎还要及时补上新植株，适度的观察和照料还是必要的。

朝雾草

Artemisia schmidtiana

强 普 春～秋(叶)

高 10～30 幅 10～30

闪烁着银白色光辉的纤细叶片蓬松繁茂，可以作为花坛和组合盆栽的亮点。不耐高温高湿，应注意排水和通风，进入梅雨季节前要修剪植株或间苗。 扦 株

凤梨鼠尾草‘金香’
S. elegans ‘Golden Delicious’

半常绿，秋季开花。株高1m，宽幅1m，黄绿色的叶片映衬鲜红的花朵，非常醒目。叶片揉碎后有甘甜的香气。在寒冷地区不能户外越冬。

鼠尾草
Salvia

 ❄强～普 ☼强～弱

✿初夏～秋 高 30～200 幅 20～100

和食用鼠尾草是同类，品种丰富。有叶片贴生在地表呈莲座状过冬、耐寒性强、初夏开花的品种；也有常绿木质、耐热但是耐寒性弱、从夏季到秋季持续开花的品种。很多品种都会长得较大，应先确认株高和开花期，再决定种植在花坛里的位置或是与何种植物组合。

总而言之，大多数鼠尾草都习性强健，不挑土质，病虫害也少。有部分品种可以实生繁殖。 扦 株

深蓝鼠尾草 *S. guaranitica*

又名瓜拉尼鼠尾草。半常绿，从初夏到秋季开花，株高1m，宽幅80cm。习性强健，可以长到很高，可根据需要及时修剪。

草地鼠尾草‘埃斯梅拉达’
S. pratensis ‘Sweet Esmeralda’

半常绿，初夏开花，株高80cm，宽幅40cm，花形较大，花穗整体也长，非常有气势。

黄花鼠尾草 *S. madrensis*

半常绿，秋季开花。株高2m，宽幅1m。植株长到一定大小时才会开花，所以需要在宽广的地方种植。

墨西哥鼠尾草‘莱姆光’
S. mexicana ‘Limelight’

半常绿，秋季开花，株高1m，宽幅60cm，黄绿色的花萼和蓝紫色的花朵对比鲜明，十分美丽。

丹参鼠尾草 *S. × jamensis*

又名樱桃鼠尾草，常绿，初夏到秋季开花，花色十分丰富。株高70cm，宽幅40cm。

龙胆鼠尾草 *S. patens*

又名天蓝鼠尾草，落叶品种，初夏开花。株高60cm，宽幅30cm。不耐高温高湿，通过种子繁殖。

A 红叶鼠尾草
S. involucrata 'Bethellii'
半常绿，秋季开花，株高1.5m，宽幅1m。粉红的花朵下垂开放，显得浪漫风情十足。

B 墨西哥鼠尾草
S. leucantha
半常绿，秋季开花，株高1.5m，宽幅1m。绒质花萼十分独特，7月修剪后可以在较低的位置开花。

C 钴蓝鼠尾草
S. reptans
落叶品种，秋季开花，株高1m，宽幅60cm。鲜艳的钴蓝色花，叶片细小，很有特色。

天蓝鼠尾草
S. uliginosa
半常绿，初夏到秋季开花，株高1.5m，宽幅60cm。天蓝色的花朵渐次开放，根部易蔓延，需加以限制。

超级鼠尾草'梅洛'
S. × superba 'Merleau'
半常绿，初夏开花，株高40cm，宽幅30cm，株形整齐，只需摘取残花即可。

雅美鼠尾草'红白唇'
S. × jamensis 'Hot Lips'
常绿，初夏到秋季开花。红白的双色花好像小金鱼，十分可爱。

快乐鼠尾草
S. sclarea
半常绿，初夏开花，株高80cm，宽幅40cm。粉色的硕大苞片十分美观。二年生植物，播种繁殖。

观赏草

禾本科、莎草科的观赏植物总称，主要欣赏植株叶片的线条和形态。株形大小、形状、叶色的变化都很丰富，还有纤细的花穗和红叶品种。大多数种类生长旺盛，需要选择适合自家花园的品种。另外也要及时间苗和分株来控制植株大小。常绿品种在早春要把老叶剪到贴近地面，这样新叶长出就可以保持植株的美观。大部分靠实生繁殖。 株 种

芒颖大麦草
Hordeum jubatum

半常绿，株高40cm，宽幅20cm。初夏发出的花穗在阳光下闪闪发光，寿命较短，一般作二年生植物栽培，实生繁殖。

金叶薹草
Carex oshimensis 'Evergold'

常绿，株高20cm，宽幅30cm。一年中几乎都保持同样的株形，适用于组合盆栽及岩石缝间，用途广泛。向阳处到阴处都可以栽培。

风知草 *Hakonechloa macra*

又名箱根草。落叶，株高30cm，宽幅40cm。除了斑叶品种外，还有金叶和叶尖红色的品种。喜好湿润的坡地，在平地种植时要注意排水。

毛芒乱子草
Muhlenbergia capillaris

落叶，株高50cm，宽幅30cm。秋季的花穗非常美丽。株形纤细，组合盆栽。栽植时注意排水和通风，避免徒长。

羽绒狼尾草
Pennisetum villosum

又名白狐。半常绿，株高60cm，宽幅60cm，白色的绒状花穗从夏季到秋季不断开放。习性强健，不择场地，寒冷地区越冬需要保护。

棕色薹草
Carex comans bronze-leaved

常绿，株高40cm，宽幅40cm，茶色的叶片像发丝一样纤细。色泽低调，十分适合与其他植物搭配组合。喜好全阳处。

小盼草
Chasmanthium latifolium

落叶，株高80cm，宽幅50cm。秋季种子下垂，随风飘舞的姿态十分动人，散落的种子可以自播。

柳枝稷'巧克力'
Panicum virgatum 'Chocolata'

落叶，株高80cm，宽幅40cm。茎干直立，巧克力色的叶片在秋季颜色变深，初夏生长出红褐色花穗，好像薄雾一般优美。

细叶芒
Miscanthus sinensis f. *gracillimus*

落叶，株高150cm，宽幅80cm，株形直立修长，在狭窄的地方也适合运用。6—7月将叶片修剪到地表可以更加紧凑，还有斑叶品种。

紫叶狼尾草
Pennisetum setaceum 'Rubrum'

常绿，株高80cm。紫红色的叶片和花穗非常醒目，光照好的条件下叶色更鲜艳，越冬需要0°C以上。

无芒发草
Deschampsia cespitosa

落叶，小型品种，株高40cm，宽幅30cm。夏季长出小花穗。适合岩石园、抬升式花坛等排水好的场所。

细茎针茅
Stipa tenuissima

又名天使之发。常绿，株高50cm，宽幅40cm。初夏长出花穗后，和老叶一起剪掉，通过分株和播种更新。

向阳干燥处

一天中可以照到半天以上阳光的抬升式花坛、屋檐下以及容易干燥的花坛。

雨后也会很快干燥的高台或坡地、沙地等保水力弱的地点，屋檐下等有遮挡物、淋不到雨水的地方，适合栽培不耐高温高湿的植物，特别是原产于地中海的植物（需要日照，可以耐受高温、干燥，但在梅雨季等长期降雨和潮湿状态下会徒长，引起根腐的植株类型）。可以通过改善排水，让土壤容易干燥，以利于植株深扎根。

六出花'橙色皇后'

Alstroemeria 'Orange Ace'

~ 强 普 初夏
高 80～150 幅 40～100

独特的橙色六瓣形花朵，令人印象深刻。本种习性强健，花期也长。地下茎在地下蔓延很长，因此，种植时应深耕加强排水，拔掉过细的茎，避免过于密集。 株

红花缬草

Centranthus ruber

~ 强 强 初夏
高 40～80 幅 30～60

别名红鹿子草。花色有红色、粉色、白色。习性强健，耐干旱、贫瘠，但要避免闷湿。光照不足或是多肥、高湿会徒长，容易倒伏。花后应剪到地面，以利于长出端正的株形。 扦 种

分药花

Perovskia atriplicifolia

~ 强 强 初夏～秋
高 60～150 幅 30～100

又名俄罗斯鼠尾草。有着像鼠尾草一样的清爽香气，植株整体银白色，朦胧轻盈。细长的花穗不断伸出，高大繁茂，适合种在花坛的后方。可以培育成灌木，但是株形容易凌乱，冬季要强剪整理。 扦

大戟
Euphorbia

、 强 强
春～初夏 高10～100 幅30～50

不耐高温高湿，适合排水好的向阳处或坡地，也可以种植在小花盆里，放在淋不到雨的地方常年观赏。花色变化多端，花苞片残留时间长，亦有观赏价值。春季到初夏的开花期植株繁茂，从贴近地面处剪断老枝条，用于扦插更新。扦插时要把伤口流出的乳液清洗干净。乳液有时会引起过敏，要小心。 扦 种

‘黑鸟’
E. Blackbird =‘Nothowlee’
常绿，株高大约60cm，茎叶全体发黑，花芯也是黑色，性质较强。

驴尾大戟 *E. myrsinites*
常绿，春季开花。叶片灰绿色，茎匍匐，可以从石墙上下垂栽培，也可盆栽。

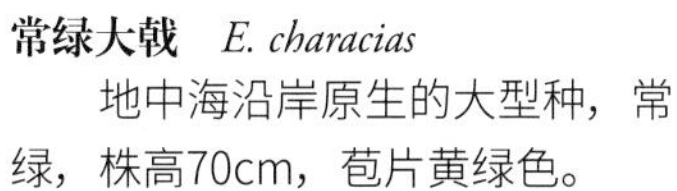

常绿大戟 *E. characias*
地中海沿岸原生的大型种，常绿，株高70cm，苞片黄绿色。

紫叶大戟
E. amygdaloides ‘Purpurea’
常绿，株高50cm。紫红色叶片很有特色，适合种植在淋不到雨的南向屋檐下。

多色大戟 *E. polychroma*
落叶，株高30cm。苞片和周围的叶片都是黄色，轻微淋雨不会对植株损伤。

‘银天鹅’
E. characias subsp. characias
Silver Swan = ‘Wilcott’
常绿，叶片带白斑，很美。不能淋雨，夏季要保持干燥。

A 淡紫色的单色花。
B 株高20cm的迷你种。
C 玫红色和红褐色的复色花。

德国鸢尾

Iris germanica Hybrid

❄强 ☼强 ✿初夏
高 10～150 幅 20～50

德国鸢尾像彩虹一样的花色、冠冕形的华丽花形在花坛里光彩照人。大型种和小型种都有，耐干燥，多肥，潮湿会腐烂。深耕时加入石灰，把根茎露出地表浅植。株

异味圣诞玫瑰

Helleborus foetidus

❄普 ☼普 ✿冬～春
高 50 幅 30

圣诞玫瑰中的直立种，多花，植株高大，适合和别的草花组合。有植株全体金黄色的品种‘金条’。植株寿命较短，在3年左右，需要实生繁殖更新。 种

‘金条’ *H. foetidus* ‘Gold Bullion’

红花川断续

Knautia macedonica

❄强 ☼普 ✿初夏～秋
高 50～60 幅 30～40

又名马其顿川断续。纤细的分枝茎端开放红色小花，适合种在其他植物中零星点缀。初夏开花，至秋季，习性强健，不易感染病虫害。 扦 种

肥皂草
Saponaria officinalis

~ 强 强 初夏～夏
高 40～100 幅 30～60

揉碎叶片会冒出泡沫，因此得名。花色有粉红色、白色，也有华丽的重瓣花品种。花后剪掉花茎会冒出侧芽再次开花，地下茎繁殖，需要限制根系。 扦 株 限

绵毛水苏
Stachys byzantina

强 强 初夏
高 60 幅 60

毛茸茸的白色叶片和茎干非常有趣，花蕾也柔软可爱。开花后尽早剪除花茎，以形成矮壮的株形。不耐闷湿，适宜斜坡、抬升花坛以及混合了沙砾的园路等排水良好的地点种植。 株

黄金菊
Euryops pectinatus

~ 普 强 冬～春
高 20～150 幅 20～60

类似黄色玛格丽特的小花在冬季开放。灌木状生长，可以利用修剪改变大小和形状。有单瓣花品种‘黄乔伊’和重瓣花品种‘头冠’。除了寒冷地区都容易栽培。 扦

宿根满天星
Gypsophila paniculata

强 强 初夏
高 60～80 幅 60～80

蓬松轻盈的小花，是适合搭配其他植物的好配角。在混植花坛里种植，可以增加柔和印象。花后把花茎剪至剩下数节，会萌发侧芽而再次开花，秋季也可开花。 扦

铺地半日花
Helianthemum nummularium

强 普 春
高 20～30 幅 30～40

有多种杂交种，花色丰富，也有重瓣品种。不耐高温、多湿，适合岩石园或是盆栽。栽培应使用以轻石为主的排水性土壤，不能淋雨，花仅开一天，但不断有新花开放。植株寿命比较短。 扦 株

蓝旋花
Convolvulus sabatius

~ 强 强 春～初夏
高 30 幅 60～80

藤本，叶腋处伸出2~3cm花茎，盛开蓝色喇叭形花。春季到初夏长期开花，适合石墙和抬升式花坛，保持土壤排水良好，可开出大量如瀑布般的花朵。 扦

老鹳草'蓝色日出'

老鹳草
Geranium

~ ~ 强 强~普
春~秋 高10~80 幅30~70

如枫叶一般细裂的叶片蓬松繁茂，小花开满全株。初夏的蓝花品种是英国花园的经典植物之一。从小型到大型，从直立到蔓生，种类众多。除了花坛和岩石园，玫瑰花株下，道路两旁均可种植，用途多多。一些不耐热品种在温暖地区栽培较为困难，应根据环境条件进行选择。 株

'强生蓝'
G. 'Johnson's Blue'

落叶，春季开花。株高40cm，宽幅40cm，花朵为鲜艳的蓝色。强健好养的人气品种。

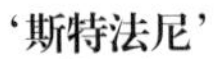

'斯特法尼'
G. 'Stephanie'

常绿，春季开花，株高30cm，宽幅30cm。高雅、美丽，不耐高温高湿。

'浓缩咖啡'
G. maculatum 'Espresso'

落叶，春季开花，株高50cm，宽幅50cm。叶片是浓郁的紫色。习性强健，耐半阴。

'夏日天空'
G. Summer Skies ='Gernic'

落叶，初夏开花，株高50cm。重瓣花，不耐高温高湿，应尽早摘除残花。

'斯特法尼'

‘鲍勃布林德’
G. ‘Bob’s Blunder’
常绿，夏季开花，株高10cm，宽幅40cm，叶片为巧克力色。喜好排水良好的土壤。

华丽老鹳草
G. × *magnificum*
半常绿，初夏开花，株高60cm，宽幅50cm。大花，花径5cm，花色浓郁，强健好养。

值得观赏的老鹳草叶片，从前到后依次是‘博卡斯’、‘蓝色日出’、血红老鹳草。

‘蓝色日出’
G. Blue Sunrise =‘Blogold’
落叶，初夏开花，株高50cm，宽幅50cm。明亮的黄绿色叶片在无花季节也具有观赏性。

‘罗珊娜’
G. Rozanne = ‘Gerwat’
半常绿，初夏到秋季开花，株高30cm，宽幅50cm。花朵中心的白色圆圈令人印象深刻。花期长，耐热。

‘好莱坞’
G. × *oxonianum* ‘Hollywood’
半常绿，初夏开花，株高30cm，宽幅30cm。繁茂、柔美的姿态很有魅力，不耐高温高湿。

达玛提老鹳草
G. dalmaticum
常绿，初夏开花，株高20cm，宽幅30cm。耐旱的小型种，秋冬季叶片会变成红色。

Oguro

岩芥菜
Aethionema grandiflorum

❄强 ☼普 ✿春

高10 幅10～20

常作为山野草栽培，春季十字形小花聚集成圆球状开放，甜美可爱。带有蓝色的叶片纤细柔美。植株寿命较短，适合抬升式花坛，盆栽时以轻石为主的土壤栽培。

扦 株 种

小朝雾草
Cotula hispida

❄强 ☼普 ✿春

高20 幅20

白色羽毛般的叶片全年都很美观。春季伸出细长的花茎，顶端的黄色花朵如圆球般可爱。不耐高温、高湿，闷湿气候下叶片会变脏，注意保持干燥秋季分株繁殖。

扦 株

地椒
Thymus quinquecostatus

～ ❄强 ☼强 ✿初夏

高10 幅50

百里香的一种，可作为地被植物运用在石墙缝隙、坡地以及容易干燥的道路旁。植株呈垫状蔓延，初夏开放成片的粉红花。栽培管理和其他百里香一样。

扦 株

紫芥菜
Aubrieta Hybrid

❄强 ☼普 ✿春

高10～20 幅10～20

垫状生长，盛开十字花科的四瓣花，不耐潮湿，适合岩石园和石槽花园。花色有紫色、粉色，也有重瓣花品种。

扦 株

常夏石竹

Dianthus plumarius

❄强 ☼强 ✿春

高10～30 幅30

石竹的一种，垫状生长，成片开花，花色有深浅不同的粉色，亦有重瓣花品种。老植株在夏季容易因闷热、潮湿而腐烂，应及时修剪利用扦插更新。 扦 株 种

牻牛儿苗

Erodium × variabile

～ ❄强 ☼强 ✿春～秋

高10 幅30

花径2cm左右的小花从春季到秋季长期开放，也有重瓣等园艺种，花色有深浅不同的粉色和白色。不耐潮湿，适合岩石园和盆栽。寒冷地区冬季要防寒保护。 扦 株

常青屈曲花/糖果花

Iberis sempervirens

～ ❄强 ☼强 ✿春

高20 幅30～40

春季从常绿的叶丛中开出白色小花。也有叶色金黄的园艺种，习性强健好养，但是植株寿命较短。株形紧凑整齐，适合岩石园和组合盆栽的搭配。 扦 株

景天三七

Sedum aizoon

～ ❄强 ☼强 ✿初夏

高10～20 幅20～30

又名费菜。初夏在枝头开放黄色小花，覆盖全株。花开后茎干枯萎，从基部萌发出新芽。适合种植在混合了沙砾的园路和抬升式花坛的边缘。习性强健，抗病虫害。 扦 株

松叶佛甲草

Sedum mexicanum

～ ❄普 ☼强 ✿春

高10 幅50

多肉植物景天的一种，春季大量开放黄色花朵，非常耀眼。可以在几乎没有土的地方栽种，例如道路沿边和踏脚石中间。寒冷地区户外难以越冬。 扦 株

短寿命的宿根花卉

这类宿根植物不能耐受高温、潮湿的夏季。如果干燥少雨可以全年生长，在冷凉地区，多数可作为宿根植物定植，但是在温暖地区植株开花后会疲软、衰弱，老植株在夏季容易腐烂，所以被称为短寿命的宿根花卉。比起成年植株，幼苗更容易过夏，因此，通常在每年初夏用种子播种更新植株，秋季购买花苗到春天也可长成可观赏的植株。春季过后，保持植株根部的阴凉有利于其生长发育。

毛地黄

Digitalis purpurea

❄强 ☼普～弱 ✿初夏
高100 幅50

华美、壮丽的花穗和修长的姿态极具观赏价值，是宿根花园里不可缺少的植物。花色丰富，有粉红色、白色、紫色等。高型品种也不会倒伏，不需要支柱支撑。在寒冷地区可以持续数年开花。种

紫花珍珠菜'薄酒莱'

Lysimachia atropurpurea 'Beaujolais'

❄强 ☼普～弱 ✿初夏
高60 幅20～30

酒红色的花穗和具有白色光泽的叶片对比鲜明，植株整体颜色深沉，特别适合搭配花朵和叶片颜色明亮的植物。秋季种下花苗后到春季长成大株，花数也会增加，很有气势。种

草莓毛地黄

Digitalis × *mertonensis*

❄强 ☼普～弱 ✿初夏
高70 幅30

比毛地黄植株稍小，花朵更为惊艳。深粉色花偏在花茎一侧开放。在温暖地区种植在排水好的岩石园或盆栽欣赏。种

蓝蓟
Eryngium planum

🍃 💧~💧 ❄强 ☼普 ✿初夏
高 80～100 幅 30～40

蓟的一种，开放直径1~2cm的蓝色头状花。植株整体带有铁灰的金属光泽，非常独特，可以作为干花观赏。具有粗大的直根，宜在排水好的地点深耕后种植。 种

黑叶须苞石竹
Dianthus barbatus Nigrescens Group

🍃 💧 ❄强 ☼弱 ✿初夏
高 40～60 幅 30

接近黑色的花和茎叶散发成熟气息，开花后茎干枯萎，放任不管就会枯死。应在开花前把基部的健康小芽分出来培育，也可以扦插繁殖。 扦 种

西达葵‘小公主’
Sidalcea ‘Little Princess’

🍃 💧 ❄强 ☼普 ✿初夏
高 80 幅 30

西达葵中开花持久的品种，淡淡的柔粉色花人见人爱。冷凉地区可以长期生长，温暖地区长成大苗后易在夏季枯死。可利用分株更新，注意防范卷叶蛾。 株

瞿麦
Dianthus superbus var. *longicalycinus*

🍃 💧 ❄强 ☼普 ✿晚春～秋
高 40～60 幅 30

秋季七草的一种。花瓣边缘锯齿形细裂，娇美的花朵和株形惹人怜爱。野生种初夏开花，园艺种花期更长，习性也更强健，老株容易枯死。避免多肥、潮湿是保证植株长期健康生长的重点。 扦 种

桃叶风铃草
Campanula persicifolia

🍃 💧 ❄强 ☼普 ✿初夏
高 80 幅 30

修长、直立的花茎上横向开放或稍向上开放铃形花。花色有蓝紫色、白色，也有重瓣品种。给人清凉印象的花朵十分适合与草花搭配。分株成小植株后，较容易过夏。 株

穗花飞燕草

Delphinium

❄强 ☼普 ✿初夏

高 80～150 幅 30～40

又名穗花翠。市面常见的飞燕草有两种：株形高大的穗花系和叶片细裂的大花系。穗花系中有重瓣花密集的‘太平洋巨人’和单瓣花的‘贝拉唐娜’等品种。温暖地区很难过夏。 种

欧洲耧斗菜

Aquilegia vulgaris

❄强 ☼普 ✿晚春

高 30～100 幅 20～40

品种繁多，花色和株高丰富，还有重瓣和无距的品种。散落的种子经常自播出芽，但不一定开出和亲本一样的花。数株群植效果更佳。 种

A 钓钟柳‘电蓝’ *P. heterophyllus* ‘Electric Blue’

B 钓钟柳‘火烈鸟’ P. ‘Flamingo’

钓钟柳

Penstemon

～ ❄强 ☼普 ✿初夏

高 30～70 幅 30

有多种园艺种，大多数品种在花后容易枯死。早春把没开花的幼芽掰下扦插，可以度夏并长成新植株。盆栽时保持盆土干燥，有时开花株也可以度夏。 扦

其他短寿命的宿根花卉

桂竹香
蒲包花
旱金莲
比利牛斯老鹳草
矮花毛地黄
宿根金鱼草
堇菜
香雪球
补血草
千日红
兰香草
洋桔梗
花烟草
马鞭草
花菱草
美女石竹
雏菊
矮牵牛
蜡菊
宿根亚麻

毛地黄和飞燕草盛开的花园，花坛的前方是银叶的剪秋萝和蓝蓟。

宿根柳穿鱼

Linaria purpurea

～ 强 普 初夏

高 60～100 幅 30

细长、秀美的株形，金鱼形的小花成穗开放，花色有紫色、白色、粉色。蓝灰色叶片冬季也很美观。花后从花茎中间修剪可以促发细枝再次开花，散落的种子可自播繁殖。 种

飞燕草园艺种‘贝拉唐娜’，淡雅的天蓝色花魅力非凡。

羽扇豆

Lupinus

～ 强 普 初夏

高 60～100 幅 40～50

又名鲁冰花。花朵如倒挂的紫藤花一样端庄大气。花园里多用园艺种，花色丰富，未开花的植株可以过夏，但是开花株却会在夏季枯萎。在湿度低的地方，种子可以自播。 种

半阴处

一天中日照2~3小时、中等湿度的地点。

全年中每天均能接收到2~3小时日照的地方，包括住宅密集地、被墙和树篱遮挡光线的地方等。半阴处可以种植多种宿根植物，但是因为生长受到限制，花量可能很少，另外，植株在半阴处生长缓慢，相同的植物种在半阴处，尺寸会比种在向阳处小很多。因此，要注意保证良好的排水和通风，亦可和全阴处的植物组合栽植。

珍珠菜'爆竹'

Lysimachia ciliata 'Firecracker'

~ 强 强 初夏 高80～100 幅80～100

春季的紫红色新芽非常美丽，开花时叶色稍微变浅，和黄色花朵很和调。生长旺盛，地下茎伸延，会扩展到各处，需要控制根系。

扦 株 限

印第安蔷薇

Gillenia trifoliata

强 强 初夏 高60～80 幅40～50

细瓣白花大量开放，仿佛蝴蝶飞舞。茎丛生，分枝后在枝梢开花，大株的花量非常壮观。可以放任5~6年不管，周围的土壤变硬后挖出一部分来进行改良即可。

株 种

Oguro

Oguro

光千屈菜

Lythrum anceps

~ 强 强 初夏～秋 高80～100 幅30～40

早花种6月开花、晚花种9月开花。花色有紫红色、粉色。在湿地生长良好，水中也可以栽培。地下茎繁殖，需要限制根系防止过度生长。

扦 株 限

泽兰

Eupatorium japonicum

强 强 秋

高 100～150 幅 50～60

和荻花、黄花龙牙一起常作为秋季的代表性花卉，很适合组合栽培。叶片干燥后会发出清新的香气。植株长到20cm左右进行摘心，可以保持紧凑的株形。有深花色和斑叶品种。 扦 株 限

A 荷兰菊‘玫瑰星’。

B 心叶紫菀‘理想’。

荷兰菊

Aster

强 强 秋

高 80～100 幅 60～80

大量小花组成的花枝随风飘拂，极具秋日风情。植株会慢慢长大，在花园里很容易栽培。花色有紫色、粉色、白色、蓝紫色等，在6月将植株剪到地面，可以保持矮壮的株形，避免倒伏。 扦 株

小头蓼‘银龙’

Persicaria microcephala ‘Silver Dragon’

强 强 秋

高 30～60 幅 30～60

带V字形花纹的灰绿色叶片，与深红色的茎干对比鲜明。种在阴暗处，叶色和花纹会黯淡褪色。植株强健，无病害，秋季盛开蓼科特有的白色小花。 扦 株

红花抱茎蓼

Persicaria amplexicaulis

强 强 初夏～晚秋

高 100 幅 50～60

夏季不断冒出鲜艳的红色花穗，富有野趣。保留残花可以维持自然的气氛。习性强健，花期长，植株较高，适合种在花坛后方。有粉色花和花穗极粗的园艺品种。 株

假升麻

Aruncus dioicus

强 强 初夏

高 100 幅 60

如落新妇的大型花朵，盛开时摇曳生姿，极具魅力。株形高大，栽种到阴处的花坛后方可以充分发挥其惊人效果。但是花期只有数日，开花时容易倒伏，要支上支柱。残花呈褐色，应尽早剪除。 株

七龙珠
Chelone lyonii

❄强 ☼强 ✿夏
高 80 幅 40

从上方看好像龙头一样的花朵呈十字形并列开放，非常独特，花色有粉色和白色。土壤干透后植株下面的叶片会枯萎，因此，要覆盖植株根部以保持阴凉。 扦 株 限

落新妇
Astilbe

❄强 ☼强 ✿晚春～初夏
高 30～80 幅 30～50

梅雨季节开花，花朵不受雨水影响。缺水时花序会打不开，因此，从花蕾出现时就要保证充足的水分。品种不同，花朵大小、花期不同，花形也富于变化。基部要避免阳光直射。 株

柳叶水甘草
Amsonia tabernaemontana

❄强 ☼强 ✿春
高 80 幅 40

水甘草中花量大的强健品种。清爽的天蓝色花朵十分罕见。和任何植物都能搭配。植株生长缓慢，可以数年放任不管。 扦 株 种

花荵
Polemonium

❄强 ☼普 ✿春
高 30～80 幅 30～50

有各种园艺种，花色有深浅不同的紫色和白色，羽毛状叶片非常美观，还有黑叶和斑叶的品种。需要种植在排水好的地方。 株

长叶蚊子草

Filipendula vulgaris (hexapetala)

强 强 初夏

高 60～80 幅 30

细长的花茎上成簇开放白色小花，圆形的花蕾非常可爱，也有重瓣品种。梅雨季节开花，植株淋雨会倒伏。在通风不良处容易感染白粉病。 株 种

大花益母草

Leonurus macranthus

强 强 夏～秋

高 80～150 幅 40～80

带有绵毛的小花成串盛开，香气甘美。栽培管理和桔梗、黄花龙牙相同。6月将植株回剪到一半的高度可以在低处开花。 株 种

槭叶蚊子草

Filipendula purpurea

强 强 初夏

高 60～80 幅 40～50

小花密集开放的样子如棉花糖一般可爱。栽培历史悠久，常作为茶道插花运用。容易患白粉病，花蕾染病后会无法绽开，可用杀菌剂防治，并尽早清理残花。 株

黄花龙牙

Patrinia scabiosifolia

强 强 夏～秋

高 80～100 幅 40～50

秋天的七草之一。在贫瘠地株形紧凑，黄色小花低调素雅，适合用于衬托其他植物，和桔梗搭配效果很好。 株 种

地榆

Sanguisorba officinalis

强 强 夏～秋

高 80～100 幅 40～50

常用于和荻花、黄花龙牙一起装点中秋节的代表性秋季花卉。耐贫瘠，多肥会发生倒伏。在花茎长到30cm时，回剪到地面一次，就不会倒伏。注意防范白粉病。 株 种

珍珠升麻

Actaea matsumurae

强 强 晚夏～初秋

高 100～150 幅 50

白色瓶刷状的花序，在暗色背景里有着梦幻般的美感。宜种植在半阴、地温不会上升的地点，在温暖地区种植花量会减少。栽种前要加入较多腐叶土，注意保证排水良好。 株

金莲花园艺种‘切达芝士’

Trollius × cultorum 'Cheddar'

❄强 ☼普 ✿初夏

高60 幅30

淡黄色花朵柔和浪漫，花瓣打开后保持杯形，一改常见的金莲花给人的印象。不耐高温、潮湿，宜种植在排水良好的地方，夏季应进行地表覆盖。株

剪秋萝

Lychnis sieboldii

❄强 ☼强 ✿初夏

高40 幅20

鲜艳的朱红色花适合作为夏季的插花，园艺品种较多，花色除了朱红色，还有白色、粉色及条纹等。生长旺盛，但是受到其他植物挤压时长势会变弱，需要充足的生长空间。株 种

旋果蚊子草‘金叶’

Filipendula ulmaria 'Aurea'

❄强 ☼强 ✿初夏

高60 幅40

鲜艳的金色叶片在夏季也不会焦枯，是优秀的彩叶植物。白色小花聚集成簇，扎根后习性十分强健，在温暖地区也生长良好。种植前应加入腐叶土。株

A 常见的紫花白芨，群植效果非常可观。

B 白花白芨，清纯秀美。

白芨

Bletilla striata

～ ❄强 ☼强

✿晚春 高40～60 幅40

除了全阴处都可以种植，属于可以放任不管的种类。剑形的叶片和圆叶类的植物搭配起来非常优美，花色除了紫红色，还有白色、粉色等。晚霜会造成新芽枯萎，应适度防寒。株

星芹

Astrantia

❄强 ☼普 ✿初夏

高50～80 幅30

不同品种的习性有强弱之分，比较容易栽培的有大星芹、‘罗莎莉’、白花种等。地温上升会损伤根系，植株基部要避免晒到阳光。浅种植，厚覆盖是栽培成功的要诀。株

卡拉薄荷
Calamintha grandiflora

❄强 ☼强 ✿初夏
高40 幅30

又名大花新风轮菜。粉红色的柔美花朵成串开放，也有叶片带花斑的品种，可以全年欣赏。习性强健，不耐潮湿，叶片有类似薄荷的清凉香气。 扦 株

夜鸢尾
Hesperantha (Schizostylis) coccinea

❄强 ☼强 ✿秋～初冬
高60 幅40

又名冬花唐菖蒲。剑形叶片富于野趣，和唐菖蒲一样鲜艳的花朵，让少花的秋日花园明媚起来。原产南非，耐寒，习性强健。花色有红色、粉色、白色。 株

裸菀
Gymnaster koraiensis

❄强 ☼强 ✿夏
高50 幅50

淡蓝紫的小菊花，在少花的炎热夏季里尽情开放。耐寒亦耐热，习性强健，几乎不用打理。虫害少，地下茎蔓延繁殖，需要限制根系防止过度生长。 株 限

萱草
Hemerocallis

～ ❄强 ☼强 ✿初夏
高30～100 幅30～80

梅雨季节开始盛开像百合一样的筒形花，花色丰富，也有重瓣和多次开花的品种。花后叶片凌乱时从地面修剪一次，会再次冒出新芽。习性强健，有时招蚜虫。 株

科西嘉圣诞玫瑰
Helleborus argutifolius

～ ❄强 ☼强 ✿春
高60 幅40

和其他圣诞玫瑰相比较高，可以立体化运用。常绿，是冬季花坛的加分能手。习性比异味圣诞玫瑰强健，寿命也更长。花后剪除花茎，以促进萌发新芽。 种

东方罂粟
Papaver orientale

❄强 ☼普 ✿晚春
高60～80 幅40～50

大花，是罂粟科最豪华的花朵，花色多样，萼片两分开放时的样子娇憨可爱。根系粗大，过度潮湿会烂根，应种在排水好的地点。 种

蓝雪花

Ceratostigma plumbaginoides

❄强 ☼强 ✿夏～秋

高 30 幅 50以上

美丽的亮蓝色花朵从夏季到秋季长期开放，地下茎横向伸展，可以覆盖住大片地面，最适合用于覆盖墙脚的细长空间。生长旺盛，没有病虫害，晚秋将植株剪到地面，越冬需覆盖保护。 扦 株 限

忘都菊

Miyamayomena savatieri

❄强 ☼强 ✿晚春

高 30～40 幅 20～30

单瓣花看来简单，但是聚集开放时拥有意外的华美感。半阴处也可以开花，生长缓慢，不会过分繁茂，在宿根植物中独树一帜。花色有深浅不同的紫色和粉色。

扦 株

铃兰

Convallaria majalis

❄强 ☼强 ✿晚春

高 20～30 幅 30

铃铛形的小花成串开放，娇美可爱。香味怡人，常用作香水原料，有粉色和重瓣花品种。秋季结出的红色果实很迷人。夏季缺水，叶片会枯萎，次年开花性变差，要注意保证水分供给。 扦 株

油点草

Tricyrtis

❄强 ☼强 ✿晚夏～秋

高 30～80 幅 30

作为插花素材很有名，花瓣有紫红色斑点，叶片上也有油渍状斑点。有向上生长的品种，也有向下垂吊的，还有白花种和黄花种。其中，台湾油点草格外强健，需要限制根系防止过度生长。 扦 株 限

紫菀

Aster tataricus

❄强 ☼强 ✿初夏～秋

高 60～80 幅 30

又名早花紫菀。植株低矮，只有秋花品种一半的高度。花期长，初夏开花后摘除残花可一直开放到秋季。习性强健，不择土质，容易栽培。 株

淫羊藿

Epimedium

❄强 ☼强 ✿春

高 20～80 幅 20～60

纤细的花茎顶端开放铁锚形的花朵，花色多种多样。心形叶片也富有观赏性。常绿种应在早春从地面修剪，开花更佳，且更整齐。 株

水杨梅
Geum

强 强 初夏
高30～60 幅20～40

叶片像萝卜叶，结出的果实像小杨梅。红花园艺种花大色艳。老株在夏季容易腐败，可利用分株或实生更新。 扦 株

长柱花
Phuopsis stylosa

～ 强 强 春
高20 幅40

小花聚集成直径3cm左右的花球，妩媚动人。地下茎伸延成垫状。耐热但厌恶闷湿，适合岩石园和抬升式花坛等排水良好的地点种植。 扦 株

剪秋萝‘飞舞’
Lychnis (Silene) ‘Rollie’s Favorite’

强 强 春
高30 幅30

剪秋萝的改良园艺种，株形紧凑，花瓣圆形，可爱的小花在分枝繁茂的枝头盛开，宛如蝴蝶飞舞。适合花坛前方或是抬升式花坛。植株长大后容易过于拥挤而闷湿，秋季可利用分株来整理。 株

槭叶草
Mukdenia rossii

～ 强 强 春
高30～50 幅30～50

如枫叶一样的五裂叶片，具有油亮光泽。叶片展开前花蕾向上伸展，一边开花一边长叶。习性强健，抗病虫害。老株的根茎会露出地面，但不影响开花。 株

过路黄
Lysimachia nummularia

～ 强 强 晚春
高5～10 幅50以上

蔓生，生长迅速，常用于填充覆盖植物间的缝隙。西晒或夏季的强光会造成焦叶，金叶品种特别容易发生焦叶。 扦 株

风铃草‘萨拉斯托’
C. ‘Sarastro’

半常绿，株高60cm，深蓝色大花与紫玟风铃草的花朵十分相似。不蔓延，适合混植。

风铃草
Campanula

、 ❄强 ☼普 ✿初夏～夏
高 30～150 幅 30～100

品种繁多，习性有强弱之分，有的栽培难度较高，也有紫斑风铃草这类强健而需要限制根系的品种。下面介绍的都是一些容易栽培的品种。风铃草花形、株形丰富多彩，用途多样。加入腐叶土改善土壤排水性后栽种。花后花茎枯死，从基部发出新芽，为了让新芽晒到阳光，促进生长，要及时剪掉花茎。 株

聚花风铃草‘卡罗琳’
C. glomerata ‘Caroline’

半常绿园艺种，株高40~50cm。宜在排水良好处种植，注意避免闷湿。

聚花风铃草
C. glomerata

半常绿种，有株高30cm的矮生品种和80cm的高大品种。花色有白色、紫色等，可以保持数年株形不变，注意避免闷湿。

紫花

白花

乳白花风铃草 *C. lactiflora*

落叶，株高80cm，金字塔形的大型花穗壮观迷人。根系粗壮，不耐高温高湿，要加强排水。

匍匐风铃草 *C. rapunculoides*

半常绿，株高1m以上，适合在花坛后方种植。花茎细长，花色有深浅变化。利用地下茎繁殖。

紫斑风铃草

C. punctata

半常绿，株高30~70cm，园艺品种多，花形、花色富于变化。生长旺盛，繁殖迅速。

A 紫斑风铃草淡粉色花变种
B 紫斑风铃草
C 白丝风铃草
C. takesimana 'Beautiful Trust'
D 重瓣风铃草
C. punctata 'Pantaloons'

新枝开花的灌木

修剪任意位置，到春季都会在新枝的枝头开花的灌木。可以种植在花坛里和宿根花卉组合搭配。这类灌木多数在初夏到夏季开花，有些在萌芽前的早春（2月左右）进行修剪也不会妨碍开花。与柔弱的草本植物相比，灌木能让花坛呈现出丰富的变化，也可以成为观赏的焦点。认真考虑株形、枝条的生长方式、花形、叶色等诸多因素，选择适合花坛的灌木吧。灌木多通过扦插繁殖，一部分也可以分株繁殖。

醉鱼草 *Buddleja davidii*

株高2~3m,圆锥形的长花穗带有甜美芳香，花色有白色、深色浅粉色、紫色、黄色等。剪去残花后会萌发侧芽，可一直开花到秋季。

金丝梅 *Hypericum patulum*

株高0.8~1.2m，拱形生长的新枝上盛开艳黄色花朵，剪掉残花后会生发侧芽再次开花。耐半阴。

木槿 *Hibiscus syriacus*

株高3m以上，要通过修剪来降低高度。花色有白色、粉色、紫色，从单瓣到球形重瓣均有，品种众多。注意防范卷叶蛾。

圆锥绣球'石灰灯' *Hydrangea paniculata* 'Limelight'

株高1.2m，夏季开花，花朵直径20cm，花色有白色、粉色。适合半阴地，枝条多，花朵可以保持到晚秋。

乔木绣球'安娜贝拉' *Hydrangea arborescens* 'Annabelle'

株高1~2m，开花较早，大型圆锥花序，花枝短，不会下垂。花朵持久性好，可以一直欣赏到秋季。

花叶杞柳
Salix integra 'Hakuro-nishiki'

株高2~3m，新芽随着生长慢慢从绿色变为粉色、白色。花朵在老枝条春季开放，萌芽力强，耐修剪。

紫薇
Lagerstroemia indica

株高0.5~5m，也有矮生种，花色丰富，有白色、红色、紫色等。容易发生白粉病，应栽种在通风、日照好的地方。

蓝花木槿
Hibiscus syriacus 'Oiseau Bleu'

株高2~3m，蓝紫色的花朵极有特色。可根据需要的株形进行修剪，例如剪成上图中的圆球形，趣味盎然。

紫珠
Callicarpa dichotoma

株高约1.5m，从纤细的枝条的叶腋生出小花，果实在秋季变成艳丽的紫色，累累硕果常压弯枝条。萌芽力强。

欧洲柽柳
Tamarix tetrandra

株高2~3m，线形叶片和柔美的粉色花搭配得十分优雅。根据需要的大小每年在相同位置修剪即可。

绣线菊
Spiraea japonica

株高0.6~1m，粉红色或白色花，保持一定的温度可以持续开花。有金叶的品种。

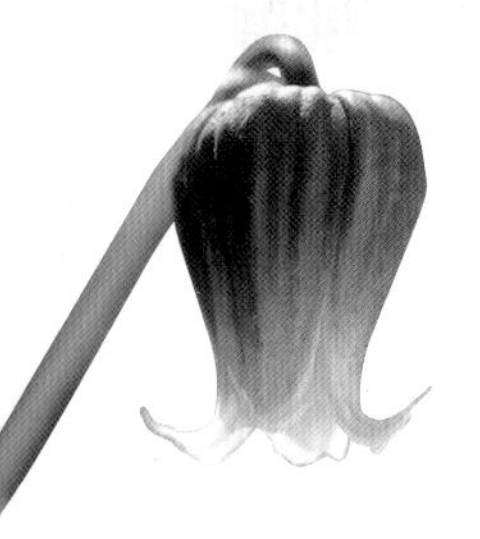

铁线莲'王梦'
C. 'King's Dream'

铁线莲'柿生'
C. 'Kakio'

装点垂直空间的铁线莲

根据开花枝可将铁线莲分成3种：藤枝在冬季枯萎，春季萌发新枝并开花的新枝开花型；冬季枝条不枯萎，春季在老枝条上开花的老枝开花型；新枝和老枝都会开花的新老两枝开花型。另外，还可以根据花期分为一季开花和多季开花（多数是从初夏到秋季即5—10月开花）。

铁线莲一般用于住宅周围的垂直装饰，在花坛中则用于缠绕塔形花架，或者攀缘在花坛后方的栅栏或木格上，与其他宿根花卉混合搭配。种植时要施底肥，秋季还要追肥。

'幻紫'等四季开花的品种缠绕在栅栏上，造就富于变化的景色。

花坛后方的紫色铁线莲，前方是风铃草。

蒙大拿铁线莲'鲁本斯'
Clematis montana var. *montana*

老枝开花型，一季开花。生长旺盛，喜好冷凉地区。春季开放直径5~6cm的小花，密集如云霞，非常壮美。

‘腾特尔’
C. ‘Tentel’

新老两枝开花型，花期从初夏持续到秋季，生长旺盛，多花。柔和的粉色花朵适合用于装饰花坛后方的栅栏或木格。

‘罗曼蒂卡’和‘武藏’
C. ‘Romantika’ & *C.* ‘Musashi’

带有黑色的紫红色花是‘罗曼蒂卡’，淡紫色花是‘武藏’。两种都是新老两枝开花型，花期从初夏持续到秋季。这两个习性接近、颜色协调的品种是经典的搭配组合。

铁线莲‘面纱’
C. ‘Venosa Violacea’

新枝开花型，花期从初夏持续到秋季。花瓣为渐变的紫白色，高雅秀丽。习性强健，花色很适合与宿根植物搭配组合。

‘沃金美女’
C. ‘Belle of Woking’

老枝开花型，初夏到秋季开花。大朵重瓣花初开为淡紫色，之后慢慢变淡。花朵开放时间长，持久性好。

‘阿拉贝拉’
C. ‘Arabella’

新枝开花型，初夏到秋季开花。直立型，株高1.5m左右，适合用于装扮花坛后方的栅栏。

圆锥铁线莲
C. terniflora

低矮的山上也可以看到的野生种。夏季到初秋开花，白色的四瓣花大量开放，如瀑布般清新动人。

‘麦克里特’
C. ‘Mikelite’

‘大理石’和‘戴安娜王妃’
C. ‘Marmori’ & *C.* ‘Princess Diana’

粉色大花的‘大理石’是新老两枝开花型，而艳粉色的四瓣花‘戴安娜王妃’则是新枝开花型。两个品种的花期都是初夏到秋季。

‘日枝’
C. ‘Hie’

卷须铁线莲的一种，老枝开花型，晚秋到早春开花。花瓣内侧有红褐色斑点。习性强健，分枝多，可以缠绕在落叶乔木上。

‘晴山’
C. ‘Haruyama’

新老两枝开花型，花期从初夏持续到秋季。柔和的花朵适宜缠绕在花坛中央的塔架上，能与周围的宿根植物很好地搭配。

‘茱莉亚夫人’
C. ‘Madame Julia Correvon’

新枝开花型，花期从初夏持续到秋季，鲜艳的红色花大量开放。习性强健，适合种在花坛后方。

半阴处（落叶树下）

晚春到秋季是全阴处，
晚秋到春季为向阳处。

落叶树下的环境很像低矮的山间，适合大多数宿根植物生长，尤其适合那些从早春到春季生长开花的植物、不耐夏季高温高湿的植物以及在强烈日照下容易焦叶的植物生长。在落叶树下，地表温度的上升得到缓解，较少出现急剧的环境变化。在这种相对稳定的环境下，植株和根系都得到了一定保护。而常绿品种在冬季的阳光照射下，也可以健康生长。即使不用费力打理，每年都能在植株生长循环中感受到四季的变化。此外，由于落叶腐化成有机物，土壤的劣化也得到改善。

落叶树下的玉簪和黄花宝铎草茁壮生长，呈现出叶色丰润的美感。

黄山梅

Kirengeshoma palmata

❄强 ☼强 ✿初夏
高80 幅50

山野草的一种，优雅的枝梢弯成拱形，黄色的花朵极富美感。手掌型的叶片姿态优美，花蕾容易晒焦，在结出花蕾后就要避免阳光直射。 株

岩南天

Danae racemosa

❄强 ☼强 ✿晚秋~冬
高60～100 幅30～60

具有光泽的厚叶，在冬季万木萧瑟时非常醒目，可以和圣诞玫瑰组合。春季萌发新芽，旧的茎叶逐渐枯萎更新。生长缓慢，5~6年不用移栽。 株 种

莲华升麻

Anemonopsis macrophylla

❄强 ☼普 ✿晚夏
高80 幅40

夏末时圆形的小花向下开放，叶片不够繁茂时开花量不大，需要在宽阔的地方栽培。花蕾出现后缺水会无法绽开，要特别注意水分管理。 株 种

弗吉尼亚银莲花

Anemone virginiana

强 强 初夏

高100 幅40

细长的花茎冒出后开花，花后结出绿色果实，晚秋变成白色绵毛状的果实随风飞舞，随着季节变化的外形十分迷人。植株老化后活力下降，要用实生苗更新。种

重瓣花

秋牡丹

Anemone hupehensis

强 强 秋

高30～150 幅50～60

又名日本银莲花。每朵花的花瓣（实际是萼片）大小不一，给人活泼的感觉。园艺品种很多（左侧图），也有株高30cm左右的小型品种。花后像棉花一样的果实观赏性强，需注意防范白粉病。扦 株

珍珠菜'亚力山大'

斑点珍珠菜

Lysimachia punctata

强 普 初夏

高60～80 幅40～50

明亮的黄色花穗，群植时极为壮观。另有清新的斑叶品种，植株在高温环境下生长缓慢，温暖地区最好种在树下。株

春季，树下盛开的各种圣诞玫瑰园艺种。

隆冬开放的黑根圣诞玫瑰

圣诞玫瑰园艺种/黑根圣诞玫瑰

Helleborus × hybridus, H. niger

❄强 ☼强 ✿初冬～春

高30～60 幅40～50

常见品种有在寒冷季节里开放的黑根圣诞玫瑰和早春开花的园艺杂交种。这类圣诞玫瑰寿命长，扎根后在同一地点可以持续生长10年左右。植株长势变弱后可以挖出，加入腐叶土再种植。 株 种

秋海棠

Begonia grandis

❄强 ☼强 ✿晚夏~秋

高60 幅40

淡红色的花下垂开放，是秋季的山野草之一。耐寒性好，也有白花、叶背红色和完全红叶的品种。在阳光下会焦叶，可以利用叶插繁殖。 株

地黄

Rehmannia elata

❄普 ☼普 ✿初夏

高30～80 幅20～40

药用地黄的同类，外形很像毛地黄，但是花朵呈喇叭形绽放，茎干也较细。适合种在夏季有遮阴的地点，掺入腐叶土后种植，要防止基部高温、干燥。 株 种

黄花宝铎草

Disporum flavens

❄强 ☼强 ✿春

高80 幅40

宝铎草的一种，花大，一边开花一边长茎。在树阴下黄色花朵显得更加鲜艳，群植时很有气势。地下茎伸展，逐渐繁衍。种植时要掺入腐叶土。 株

荷包牡丹

Lamprocapnos, Dicentra

❄强 ☼普 ✿春
高 20～60 幅 20～60

荷包牡丹心形的花朵小巧可爱，在东亚和北美有20个品种分布，高山植物驹草也是其中一种。园艺种较强健，可以在花园中栽培。荷包牡丹根系粗而发达，在土壤中加入腐叶土后深耕后种植，注意保证排水良好。生长衰弱后在秋季分株再种下，不要折断根系。 株

荷包牡丹'金心'
L. spectabilis 'Gold Heart'
荷包牡丹的金叶品种，明亮的叶片和粉色的花朵对比鲜明。株高60cm。

荷包牡丹'象牙心'
D. 'Ivory Hearts'
类似高山植物的感觉，是娇小柔弱的品种。蓝灰色的细裂叶片纤细、美丽。株高20cm。

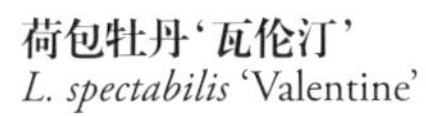

荷包牡丹'瓦伦汀'
L. spectabilis 'Valentine'
园艺品种，深红色花朵艳丽醒目，花茎和叶片都带有红色。株高50cm。

荷包牡丹'绚丽'
D. 'Luxuriant'
园艺杂交种，略小型，开花性好，从春季到秋季持续开花。株高40cm。

荷包牡丹白花种 *L. spectabilis*
夏季休眠，地上部分枯萎，在花园最好和其他地被植物一起种植。

聚合草

Symphytum ibericum

强　普　春

高 20～30　幅 30～40

紫草科聚合草属，早春开花，半匍匐性，适合用作阴处的地被植物。有斑叶品种，喜好腐殖质多的湿润土壤。 株

林荫银莲花

Anemone nemorosa

强　普　早春

高 10　幅 20

积雪融化时从地里冒出嫩芽，开放白色的花朵。5月末地上部分消失，进入休眠。银属于莲花中容易栽培的。有单瓣和重瓣品种。 株

西亚脐果草‘星星眼’

Omphalodes cappadocica ‘Starry Eyes’

强　普　春

高 20～30　幅 20～30

原产土耳其，如勿忘我一样的5瓣小花，蓝色花瓣带白边，特色鲜明，很受欢迎。不耐潮湿，在排水好的地方种植长势良好，注意少肥。 株

延龄草

Trillium

强　普　春

高 20～30　幅 20

叶片、花萼、花瓣都是3枚，增殖很难，需要最初就种植足够数量的植株。花色以茶褐色、绿色等暗色系较多。大花延龄草(上图)花大色白，而且习性强健。 株

斗篷草

Alchemilla mollis

强　普　晚春

高 30～60　幅 40

带有细绒毛的圆形叶片、蓬松的黄色花朵营造出温柔气氛。残花容易变成茶色，应尽早剪除。植株老后容易散乱，长势也会变弱，因此，3年左右要分株后重新种植。 株

虾脊兰
Calanthe discolor

❄强 ☼强 ✿春
高 30～40 幅 40

常绿的地生兰，深沉的褐色花朴素而富有韵味。在相同环境里可以和樱草、荷青花搭配种植。宜选择腐殖质丰富、排水好的地方栽植。株

紫堇'中国蓝'
Corydalis flexuosa 'China Blue'

❄强 ☼普 ✿春
高 10～20 幅 20～30

穆坪紫堇的园艺种，通透的蓝色花极具魅力。和延胡索同类，夏季休眠，地上部分枯萎。不耐高温高湿，适宜种在东侧的斜坡地等夏季阴凉、排水良好的地点。也适合与雪割草组合栽培。株

雪割草
Hepatica nobilis var. *japonica*

❄强 ☼强 ✿早春
高 10～20 幅 20

山野草的一种，有很多园艺品种，适合数株合植，小群落欣赏。生长期喜落叶堆积而成的腐殖质多的地点，需要排水好，但夏季又要注意不能缺水。株 种

白头翁
Pulsatilla cernua

～ ❄强 ☼强 ✿春
高 20～40 幅 20

花后的种子犹如苍苍白发，因此得名。不耐潮湿，植株寿命较短，种植5年左右要用实生苗更新。园艺种的花色有蓝色、紫色、黄色、白色等，相对也更强健。种

肺草'蓝旗'
Pulmonaria 'Blue Ensign'

❄强 ☼强 ✿春
高 20～30 幅 30～40

在肺草中属于习性强健、花大色艳的品种。早春开放鲜艳的蓝色花朵。夏季不耐高温高湿，要加入腐叶土促进排水，种植在没有西晒的地点为宜。株

榕叶毛茛

Ranunculus ficaria

❄强 ☼普 ✿春

高 10～20 幅 20

鲜亮的黄色花瓣很有特色，夏季休眠。应种植在生长期（从秋季到早春）有阳光的地方才能开花。有黑叶、白花和重瓣等品种。利用小块茎繁殖，植株也可自然增殖，一次种植后就可以稳定生长。习性强健。 株

银线草

Chloranthus japonicus

❄强 ☼强 ✿春

高 20 幅 20

4片叶片包裹着的花茎慢慢抽发而出，饶有乐趣。有株高较高、绿色花茎以及粉花的不同品种和变异种。喜好夏季有遮阴、腐殖质丰富的地点，栽培时要掺入腐叶土。 株

侧金盏花

Adonis amurensis

❄强 ☼普 ✿春

高 20～30 幅 20～30

宣告春天来临的花。太阳照到时花朵盛开，一边开放一边伸长花茎。花园栽培宜选择上图中的园艺种‘福寿海’，亦有重瓣品种。生长期短。在秋分时放置固体肥料。 株

鹿药

Maianthemum japonicum

❄强 ☼普 ✿春

高 30 幅 30

不耐西晒，也不适合种在过暗的地点。缀满白色小花的花茎轻盈下垂，有花边和斑叶的品种。原生在落叶堆积的林下，因此，栽培时要掺入足够的腐叶土。 株

荷青花

Hylomecon japonica

❄强 ☼普 ✿春

高 20～30 幅 20～30

有光泽的艳黄色花朵和山吹花（棣棠花）颜色很像，叶片柔软，株形纤弱，适合在落叶树下群植。夏季休眠，要注意土壤不能干透。可以实生繁殖。 株

鬼灯檠

Rodgersia podophylla

❄强 ☼普 ✿初夏

高 40 幅 40

在山地的林缘和林下有野生种。风车形的叶片特征鲜明，很有观赏价值。有些个体在萌芽和展叶期带有红色，花白色。植株生长缓慢，还有叶形、花色、花形都不同的海外园艺种。 株

报春
Primula

、 ❄强 ☼普 ✿春
高 10～60 幅 40

报春有各种园艺种，包括牛唇、樱草和日本报春等。在宿根植物中属于代表春天的花卉类别。品种丰富，有株高10cm的小型种、60cm的大型种，花色也丰富多彩。不管哪种都不耐夏季的高温，也不喜干燥，所以要注意土壤不能干透。夏季生长停滞，秋季恢复生长这时可以追肥。分株宜在秋季进行，种子也很容易繁殖。 株 种

樱草 *P. sieboldii* 落叶，株高20cm，在日本有特别多的园艺种。夏季休眠，地上部分消失。比较容易栽培。

'银色蕾丝'
P. 'Victoriana Silver Lace Black'
多花报春的园艺种，常绿，株高15~30cm。小型而多花，比较容易栽培。

欧洲报春 *P. vulgaris*
常绿，株高20cm，在欧洲是宣告春季来临的花卉。也有重瓣品种。

九轮草/日本报春 *P. japonica*
常绿，株高60cm，数层开花，好像寺院的九层塔，因此得名。喜好潮湿，大型品种。

黄花九轮草 *P. veris*
常绿，株高20cm，萼筒较长，成簇横向开放。有花萼变色和重瓣品种。

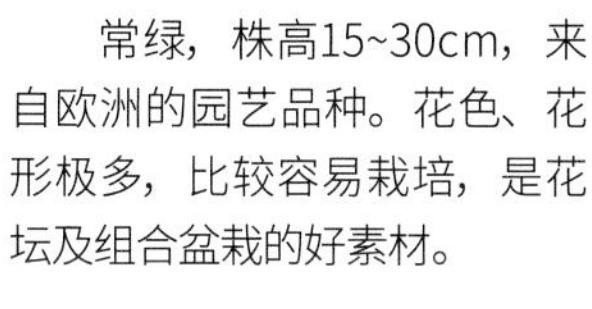

多花报春园艺种
常绿，株高15~30cm，来自欧洲的园艺品种。花色、花形极多，比较容易栽培，是花坛及组合盆栽的好素材。

穗花报春 *P. vialii*
常绿，株高50cm，花蕾红色，花形独特。适合栽种在冷凉地区，温暖地区寿命较短。

大小不同的玉簪组合，株形和叶色的对比让全阴处的花园也有了明亮而清爽的感觉。

玉簪
Hosta

❄强 ☼强 ✿初夏～秋
高 10～200 幅 10～150

耐阴植物的代表品种，原产中国和日本。叶片的大小、色彩、斑纹等富于变化，值得从春季到秋季长期观赏。也有花朵美丽、香气宜人的品种，可根据种植的场所和喜好来选择。玉簪习性强健，容易栽培，但土壤排水不良时会导致感染软腐病和白绢病，秋冬的晚霜也会伤害新芽，要注意防寒。

大小的参考：大型品种株高60cm以上，中型品种20~60cm，小型品种20cm以下。 株 种

大型品种‘寒河江’和小型品种‘日光’。小型品种适合盆栽。

‘寒河江’ *H. ‘Sagae’*

大型品种，是山形县寒河江的选拔品种，很受欢迎。波浪形的宽叶有黄色或白色边。

玉簪/圆叶玉簪
H. plantaginea

大型品种，叶幅很宽。在强光下会呈现黄绿色，纯白的大花具有浓郁芳香。下图为重瓣种。

‘威廉法兰西’
H. ‘Frances Williams’

大型品种（上图右下角），蓝色的叶片带有淡黄色边，花色淡紫。生长缓慢，需注意防止焦叶。

‘圣诞糖’
H. ‘Christmas Candy’

中型品种，叶片上黄绿色到白色的中斑鲜艳明丽，在花园里十分显眼。习性强健，容易栽培。

‘翠鸟’ *H.* ‘June’

中型品种，淡黄绿色中斑，厚叶。习性强健，易于栽培。花色是薰衣草紫色。

‘花窗’ *H.* ‘Stained Glass’

中型品种，黄金中斑的宽叶品种，具有明亮的感觉。白色大花芳香强烈。

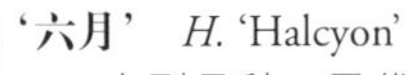

‘红十月’
H. ‘Red October’

小至中型品种，绿色波形叶片，叶柄和花茎则呈红色。花朵淡紫色。

‘民兵’
H. ‘Minuteman’

中型品种，浓绿色的叶片和白边对比鲜明。花朵淡紫色。

‘六月’ *H.* ‘Halcyon’

中型品种，是代表性的蓝叶种，株型紧凑规整，习性强健。花色为极淡的紫色。

小型种

‘船长’
H. sieboldii var. *sieboldii* f. *kabitan*

小型品种，是小叶玉簪的代表种，叶片带黄色中斑，春季的新叶特别美丽。

‘文鸟香’
H. ‘Bunchoko’

栽培历史悠久的白边小型品种，习性强健，容易繁殖，开放鲜艳的紫色花。

蕨类

~ ❄强 ☼强

春~秋（观叶） 高30～60 幅30～80

可在花园中运用的蕨类品种并不是太多，但是它们繁茂的叶片可以带来清爽的凉意，衬托出其他植物的美感。春季的新芽尤为清新动人。下面介绍的蕨类从适宜向阳处到适宜阴处的品种都有，基本都是病虫害少、易于管理的种类。在发芽时分株繁殖。 株

日本画蕨
Athyrium niponicum f. *metallicum*

落叶，株高30cm，宽幅30cm，中型品种，用途多样。在半阴处和圣诞玫瑰等耐阴植物搭配，可以发挥出沉稳的魅力。也有紫叶的品种。

掌叶铁线蕨 *Adiantum pedatum*

落叶，株高50cm，宽幅50cm。叶柄黑色，像孔雀羽毛的纤细叶片很有特色。和任何植物都可以搭配，和观叶植物铁线蕨是同属。

荚果蕨
Matteuccia struthiopteris

落叶，株高60cm，宽幅80cm，幼芽可作为蕨菜食用。叶片呈放射状生长，姿态优美，特别是新叶的清新感非常迷人。容易繁殖。

凤尾蕨
Pteris multifida

常绿，株高30cm，宽幅40cm。带有白色条纹的简洁叶片可以让阴暗处瞬间明亮起来。适合和不同叶色、叶形的植物搭配。

耳羽岩蕨
Woodsia polystichoides

半常绿，株高30cm，宽幅40cm。附生在岩石上的品种，适宜种在岩石园的石缝间。

早春里的刹那芳华

早春时节最早开放，初夏就销声匿迹的植物们被称为“Spring ephemeral”，也就是“早春里的刹那芳华”。这些短暂的小生命通常出现在落叶树林南侧的林缘，具有地下球根或根茎，夏季进入休眠，生命周期极其短暂。花后尽可能延长叶片的生长时间是栽培的要点所在。适宜栽种在初夏时阴凉、不易干燥的地方。

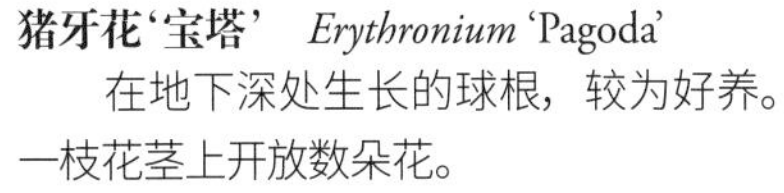

猪牙花‘宝塔’ *Erythronium* ‘Pagoda’

在地下深处生长的球根，较为好养。一枝花茎上开放数朵花。

拟阿尔泰银莲花 *Anemone pseudoaltaica*

在银莲花里属于大花型，花朵十分美丽。掺入腐叶土后，浅植根茎。分株繁殖。

猪牙花 *Erythronium japonicum*

日本山间的野生品种，从两枚叶片间伸出一枝花茎，成片开放。在温暖地区栽培困难。

日本菟葵 *Eranthis pinnatifida*

立春时节开花。种植块茎时要掺入腐叶土、山沙等，实生繁殖。

冬菟葵 *Eranthis hyemalis*

黄花品种，作为秋植球根栽培。

半阴处种植的球根植物

球根植物和宿根花卉搭配效果极佳，多数球根在半阴处放任不管也可健康生长。下面介绍一些适于宿根花坛里配置的、在半阴处生长良好的小型球根植物。这些品种都喜欢排水良好的地点，种植前要加入腐叶土改良土壤。球根植物会分球繁殖，逐渐增殖后会长成多品种的混合形态，极具自然美感。

洋水仙
Narcissus

早春开花，可开满整个春季。不同品种的花朵大小和株高都不同。过度拥挤会导致植物开花性变弱。不适合种在太阴暗的地方。

葡萄风信子
Muscari

春季开花，有很多品种。选择和周围草花协调的颜色，群植起来效果更佳。

原种仙客来
Cyclamen

花园适宜种植秋花品种常青藤叶仙客来（C. hederifolium）和春花品种小花仙客来（C.coum）。种植时注意保证排水畅通，避免土壤过湿。

雪滴花
Galanthus

冬季到来年早春开花、秋季种植的球根植物。适宜落叶树下排水良好处，应稍深植。

绵枣儿 *Scilla scilloides*

夏季山野间常见的野生种，株高20~25cm。习性强健，繁殖迅速。

天香百合
Lilium auratum

夏季开花，株高70~100cm。植株基部要避免直射阳光，因此适宜间植在其他植物中，稍微深植。

浙贝母
Fritillaria verticillata var. *thunbergii*

春季开花，株高50cm，放任不管也可以增殖。

西伯利亚绵枣儿
Scilla siberica

富有特色的蓝色春花小球根，株高10cm左右。宜种植在夏季地温不会过高的地方。

血石蒜
Lycoris sanguinea

石蒜科，夏季开花，株高40~50cm。在山野间常见，朱红色的花朵在阴地里十分醒目。

条纹海葱
Puschkinia scilloides

白底带蓝色条纹的小花清新可爱，春季盛开，株高10cm。宜选择夏季凉爽的地方栽种。

适合在半阴处栽培的其他球根植物

- 伯利恒之星
- 鬼百合
- 鹿子百合
- 秋水仙
- 欧洲黄石蒜
- 雪片莲
- 花韭
- 石蒜
- 蓝钟花
- 雪饼草

明亮的阴处

照不到直射阳光，但是周围环境可以反射光线的地方。

即使在密集的住宅区，只要有足够开阔的空间，也会有相对明亮的阴处。浅色墙壁对着的地方，即使照也会像被柔光照到一样明亮。根据所在地的条件，反射光会有明亮程度和季节的变化。基本上全年可以保持柔和光线的地方，适宜种植耐阴的常绿植物或是阳光下容易焦叶的植物。另外，如果是地面笼罩在荫翳中、空间上部却又能得到少许阳光的地点，很适合栽培藤本植物。

莨力花园艺种'塔斯马尼亚天使'
A.mollis 'Tasmanian Angel'

虾膜花 / 莨力花
Acanthus mollis

～ 强 强
初夏 高 150 幅 100～150

具有存在感的花穗和光泽亮丽的深绿色叶片魅力十足。有黄叶和花斑叶品种，也有苞片绿色、花瓣白色的品种。长成大株前不会开花，在寒冷地区冬季落叶。利用根插繁殖。株

岩白菜
Bergenia

～ 强 强 早春
高 30～40 幅 40～50

从油亮的大叶片中伸出花茎，密集开放大量小花，花色有深红色、粉红色、白色等。根茎蔓延生长，在干燥地方也可以生长良好，适合石墙等处种植。有冬季红叶的品种。株

儿百合

Disporum smilacinum

🍃 💧 ❄强 ☼强 ✿春

高20 幅20

又名山东万寿竹。山野常见，叶片类似百合，开放下垂的小白花。有叶片带黄斑和白斑的花叶品种。习性强健，容易栽培，通过地下茎蔓延繁殖。数株群植更加美观。 株

花叶玉竹

Polygonatum odoratum var. *pluriflorum*

🍃 💧 ❄强 ☼强 ✿晚春

高40～50 幅40～50

根部有甜味，拱形伸展的花茎上垂吊白色的铃铛花，摇曳生姿。花叶品种可以提亮阴暗的环境。注意防范焦叶，新芽可以作为野菜食用。 株

野芝麻

Lamium galeobdolon

🍃 💧 ❄强 ☼强 ✿春

高30 幅100以上

非常强健的耐阴地被植物。向上伸出的茎上开放黄色的金鱼形花。生长旺盛，地下茎迅速蔓延，在生长过度时要及时间苗。 扦 株

花叶蓼‘调色盘’

Persicaria virginiana ‘Painter’s Palette’

🍃 💧 ❄强 ☼强 ✿秋

高60 幅50

花叶品种，斑纹有奶油色、褐色等，缤纷绚丽，从春季到秋季都有观赏价值。在向阳处容易焦叶。可通过种子自播，应尽早摘掉残花。 种

黄精

Polygonatum lasianthum

🍃 💧 ❄强 ☼普 ✿晚春

高30～40 幅30～40

山野常见，拱形的茎干上垂吊白绿色的可爱小花，根茎粗大，蔓延繁殖。夏季应注意避免焦叶，宜种在阴凉的地方。 株

黄水枝‘砂糖香料’
T. ‘Sugar and Spice’

黄水枝
Tiarella

❄强 ☼强 ✿春
高 20～30 幅 20～30

类似矾根的品种，淡粉色的花穗柔美可人。枫叶形深裂的叶片，可作为彩叶植物运用。不耐高温高湿，宜种植在通风良好处。 株

紫花野芝麻
Lamium maculatum

❄强 ☼普 ✿春
高 20 幅 40

匍匐枝可不断蔓延扩展，强健的耐阴地被植物。有各种斑叶品种，花色有粉色和白色。常绿，在冬季萧瑟的花园里十分优美耀眼。 扦 株

姬射干
Iris gracilipes

❄强 ☼强 ✿晚春
高 20 幅 20

类似蝴蝶花的小型种。花朵相对植株整体显得大而华丽，颜色有紫色和白色，也有重瓣品种。不耐极端干燥，适宜种植在湿润的阴凉处。和射干不同，冬季地上部分会枯萎。 株

心叶牛舌草‘杰克弗罗斯特’
Brunnera macrophylla ‘Jack Frost’

❄强 ☼普 ✿春
高 30～40 幅 30

叶片极美，银白底色上绿色的叶脉清新动人。开放类似勿忘我的蓝色小花。不耐高温高湿，亦不耐干燥，宜选择排水好、夏季地温不高的地点种植。 株

黑叶矾根‘李子布丁’的搭配案例，和花叶常青藤、观赏草组合起来，营造出静谧雅致的氛围。

大小、叶色不同的矾根，3个品种并排种植可以展现出各自的美感。

矾根
Heuchera

❄强 ☼强 ✿晚春
高 30～80 幅 30～50

叶色丰富多彩，全年可以保持同样的姿态，是花园组合中很好搭配的种类。原生种和园艺种中都有很多花朵美丽的品种。将不同品种的矾根组合种植也十分有趣。习性强健，耐阴，基部潮湿或是夏季残留过多肥料会发生根腐病而导致植物枯萎。植株老后茎会向上抽长，春季或秋季把这样的茎剪下扦插，更新植株。

扦 株

矾根‘狂野’ *H.* ‘Rave On’

矾根‘黄桃派’ *H.* ‘Peach Pie’

矾根×黄水枝杂交种
X Heucherella

❄强 ☼强 ✿春

高 30～40 幅 30

矾根和黄水枝的杂交种，栽培管理与矾根类似，下图中为‘太阳黑子’。

株

矾根‘莱姆里奇’
H. ‘Lime Rickey’

矾根‘乔治亚桃子’
H. ‘Georgia Peach’

欧活血丹
Glechoma hederacea

🌿 💧 ❄强 ☼强 ✿春
高10 幅100以上

耐阴的地被植物，匍匐茎可向四面八方蔓延。园艺上主要使用斑叶品种。抗病虫害，习性强健，但要注意避免日晒而焦叶。春季开放薰衣草色花朵。 扦 株

蔓长春花
Vinca major

🌿 💧~💧 ❄强 ☼强 ✿春
高30 幅200以上

从基部斜向上的藤蔓沿着地面蔓延，是耐阴的优良地被植物。有一定耐寒性，在寒冷地区枝梢会枯萎。有小型品种及白花、金叶等园艺种。 扦 株

小蔓长春花
Vinca minor

花叶羊角芹
Aegopodium podagraria 'Variegatum'

🌿 💧 ❄强 ☼强 ✿晚春
高40 幅50

羊角芹的花叶品种，明亮的绿色叶片掺杂乳白色花斑。习性强健，具有抗病性。阳光照射易焦叶，要注意防范。初夏开放伞形科植物特有的白色花序。 株

匍匐筋骨草
Ajuga reptans

🌿 💧 ❄强 ☼强 ✿春
高20 幅40

常用于阴地的地被覆盖，春季开放整片紫色小花的景象十分迷人。也有斑纹叶、铜叶品种以及白花、粉花品种。习性强健，但要避免土壤过分干燥。上图是与白色葡萄风信子的混植。 株

适合在明亮的阴处栽培的一年生花卉

在开花植物较少的阴处，除了宿根花卉，还可以巧妙运用球根植物、一二年生花卉、灌木等多种素材来组合栽培。在这里精选了一些可以在明亮的阴处健康生长的一年生花卉。其中，凤仙可以称作在阴处开花的植物标杆，也就是说，如果阴处达到凤仙可以开花的亮度，就可以栽培很多一年生植物了。

勿忘我 *Myosotis scorpioides*

花色有蓝色、粉色、白色，小花开满全株，蔚然繁茂，适合种在花坛的前方。

彩叶草
Solenostemon

非洲凤仙 *Impatiens walleriana*

即使照不到直射阳光，在明亮的阴处也可以长期开花。花色有深浅不同的白色、粉色、红色等，亦有重瓣品种。

四季海棠
Begonia Semperflorens-cultorum Group

紫叶鸭儿芹
Cryptotaenia japonica f. *atropurpureaw*

夏堇
Torenia

全阴处

常绿树下、北侧的小路等
全年都晒不到太阳的地方。

全阴处晴天相对明亮一点，但是与周围相比还是阴暗，阴天和下雨天就十分黑暗的地方。植物生长缓慢且甚少变化，杂草也难以生长，几乎全年都保持同样的光景。种植花叶、蜡质叶等观叶植物后会给全阴处带来明亮的感觉。为了防止过于潮湿，特别需要注意排水。全阴处的地面很容易长青苔，用亮色系的碎石粒铺地效果较好。如果是常绿树高大繁茂，枝叶密集，可以通过疏枝和修剪来控制大树的生长，为树下带来一丝光亮。

大吴风草

Farfugium japonicum

❄强 ☼强 ✿秋
高 50～60 幅 40～50

原生于海岸，可耐受强风，对环境的适应性很强。带有光泽的圆形叶片全年都可以欣赏，在部分寒冷地区冬季会落叶。有各种花叶品种，也有重瓣花品种，几乎没有病虫害。株

花叶的大吴风草和东瀛珊瑚等组成的抬升式花坛，花斑叶片提升了阴处的亮度。

一叶兰

Aspidistra elatior

❄强 ☼强 ✿春
高 30～70 幅 30～40

自古以来就种植在常绿树下的常见观叶植物。现在多以花斑叶的品种为主，大型的叶片群生，可全年保持同样的姿态，醒目富有观赏价值。不耐寒风，在寒冷地区冬季叶片会受损。株

细辛

Asarum nipponicum var. *nipponicum*

❄强 ☼强 ✿春

高 10～20 幅 20

类似仙客来的心形叶片很有特色，叶片上有不同的花纹，生长缓慢。在花园的踏脚石或是景观石边种植，可以常年保持同样的姿态。株

吉祥草

Reineckea carnea

❄强 ☼强 ✿晚秋

高 20 幅 30

生机勃勃的绿叶长约20cm，茎在地上蔓延，很容易繁殖。晚秋开放明亮的紫色小花，惹人怜爱。也有花叶品种，但是生长较慢。株

蘘荷

Zingiber mioga

～ ❄强 ☼强 ✿夏

高 60～80 幅 30～40

一种可以在阴处栽培的蔬菜，图中的斑叶品种，适合作为阴地花卉观赏。株高较高，种植时要选好位置。利用地下茎繁殖，喜好高温高湿，在干燥处会生长停滞。株

血水草

Eomecon chionantha

❄强 ☼强 ✿春

高 40 幅 50～60

盛开直径3~4cm的纯白小花，在阴暗处非常醒目。习性强健，不择土壤。长长的地下茎蔓延繁殖，增殖旺盛，1~2年的植株可以蔓延数米。扦 株

阔叶麦冬

Liriope muscari

～ ❄强 ☼强 ✿晚夏～秋

高 30～40 幅 30～40

长约30cm的叶片密集生长，形成繁茂的圆润株形。秋季细长的花茎顶端开放紫色或白色的花穗。花叶品种较为常见。新叶萌发时应将老叶剪除。株

虎耳草

Saxifraga stolonifera

🍃 💧～💧 ❄强 ☼强 ✿初夏

高 30 幅 40

常绿的圆形叶片呈放射状展开，初夏开放白色的动人小花。有叶色独特的品种。虎耳草可从母株上生出长藤，在顶端长出小植株，繁殖迅速。 株

万年青

Rohdea japonica

🍃 💧 ❄强 ☼强 ✿冬（观果）

高 30 幅 40

自古以来就被用作阴处的地被植物，冬季结出的红色果实很艳丽。白边叶品种被广泛运用，如果叶片受损就要摘除。习性强健，几乎没有病虫害。 株

在阴处道路两旁种植的‘玉龙’，起到防止杂草的作用。

麦冬

Ophiopogon japonicus

🍃 💧～💧 ❄强 ☼强 ✿晚夏

高 5～20 幅 10～30

在花园道路的踏脚石中间和花坛的边缘经常可以见到，有带有白色斑纹的‘白龙’、小型品种‘玉龙’以及大叶品种‘黑龙’。 株

麦冬‘玉龙’ *O. japonicus* ‘Tama-ryu’

斑叶品种

大叶麦冬‘黑龙’
O. planiscapus ‘Nigrescens’

麦冬‘白龙’
O. japonicus ‘Hakuryu’

万寿竹
Disporum cantoniense

❄普 ☼强 ✿春

高100 幅30

外形类似宝铎草，南方植物。枝干苗条，冬季可观赏叶片。在寒冷地区，冬季地上部分会枯萎。株

蝴蝶花
Iris japonica

~ ❄强 ☼强 ✿晚春

高50 幅60

可以在相当阴暗的地方生长，蜡质叶片富有光泽，显得生机勃勃，是珍贵的阴地开花植物。花斑叶品种提亮环境的效果更好。生长旺盛，增殖迅速。株

翠云草
Selaginella uncinata

~ ❄普 ☼强 ✿全年（观叶）

高10 幅100以上

叶片在阴处呈金属蓝色，非常美丽，阳光照射下变成茶色。分枝力强，可不断增殖直到覆盖地面。在寒冷地区冬季会枯萎，上图是和地锦（图片中央至右方）的混植效果。株

普陀南星
Arisaema ringens

❄强 ☼强 ✿春

高40 幅50

和浦岛天南星类似，春季开放暗紫色到绿色、带有白色条纹的花朵，花形奇特，花（佛焰苞）形似马镫。雌雄异株，受精后结出红色果实。株 种

浦岛天南星
Arisaema thunbergii subsp. *urashima*

❄强 ☼强 ✿春

高50 幅50

细丝状的附属体好像浦岛太郎钓鱼竿上的渔线，因此得名（译注：浦岛太郎是日本民间故事里的一名渔夫）。喜在阴暗的林下生长的奇特植物。雌雄异株，秋季落叶，红色的果实晶莹可爱。地下有芋头一样硕大的根茎。株 种

草珊瑚 *Sarcandra glabra (Chloranthus glaber)*　常绿，株高80cm。不喜强光，适合用于花园树木的固根栽培。晚秋到冬季果实成熟时为鲜红色，非常美观。还有黄色果实的品种。实生、扦插繁殖。

野扇花 *Sarcococca*　常绿，株高0.5~1m。耐阴性强，是适合在阴处栽种的植物。春季开花，秋季果实成熟时为红色或黑紫色。利用分株繁殖。

耐阴性强的小灌木

全阴处不仅可以种植开花的宿根植物，也可种植耐阴的小灌木（以及一部分小乔木），组合混植可以让阴暗的地点焕发活力，甚至营造出优雅、动人的景致。可选择一些较为常见的耐阴灌木，大多数耐阴灌木的耐寒性都较强，但是在严寒地区还是需要防寒保护。可通过修剪控制株形和大小。多采用扦插和分株繁殖。

八角金盘 *Fatsia japonica*
常绿，株高2~3m。冬季开花，大型的掌形叶片很有特色。生长缓慢，为了防止株形过大，可以在初夏根据需要的高度截断树干，截断处会萌发新芽。推荐花叶品种（右图），可以利用扦插繁殖。

山茶
Camellia japonica

常绿，株高3m以上。花期3—4月，花色和花形丰富多彩。夏季以后修剪可能会剪掉花芽，要注意。扦插繁殖。

马醉木 *Pieris japonica*

常绿，株高1~3m。品种繁多，叶色和花色都有很多选择。整枝、修剪应在花后进行，为了控制大小，可将强健的枝条回剪到有分枝的位置。扦插繁殖。

青木/东瀛珊瑚
Aucuba japonica

常绿，株高2~3m。有斑叶品种，可以在阴处营造出亮色。雌雄异株，要想观果必须同时栽植雄株和雌株。扦插繁殖。

十大功劳
Mahonia

常绿，株高0.6~3m，是常用的灌木。品种繁多，株高、叶片宽度、花穗长短等均有所不同。图中是细叶种，利用扦插繁殖。

日本茵芋
Skimmia japonica

常绿，株高1m左右。叶片厚实、带有光泽，果实鲜红。雌雄异株，要想观果必须同时种植雌株和雄株。只种雌株的话挂果很差。分株、扦插繁殖。

木藜芦
Leucothoe fontanesiana

常绿，株高0.6~1m。主要使用花叶品种，带有白色和黄色花斑的‘彩虹’较常见。分株、扦插繁殖。

朱砂根
Ardisia crenata

常绿，株高0.3~1m。晚秋会结出成簇的红色果实，可以长期欣赏。植株老化后会长高，株形变差，可用压条来重塑株形。实生繁殖。

平铺白珠树
Gaultheria procumbens

常绿，株高10~20cm。果实鲜红硕大，不耐高温高湿，喜好冷凉气候，在温暖地区较难栽培。扦插、分株繁殖。

紫金牛
Ardisia japonica

常绿，株高10~20cm。在低山的林下野生，晚秋结出鲜红的果实。市面上较常见花叶品种，利用分株繁殖。

假叶树
Ruscus aculeatus

常绿，株高30~70cm。看起来像叶片的其实是叶状枝，有尖刺。极耐阴，雌雄异株，雌株到秋天可以观果，但挂果不佳，也有矮生的大果品种。分株繁殖。

富贵草
Pachysandra terminalis

常绿，株高20~30cm。耐寒性强，在寒冷地区也可以种植，有斑叶品种，地下茎繁殖旺盛，适合作地被植物栽植。

金叶亮叶忍冬
Lonicera nitida 'Baggesen's Gold'

常绿，株高0.7~1m。黄绿色的小叶密集生长，繁茂可喜。强光下易发生焦叶现象，在阴暗处叶片会发绿。耐修剪，分株繁殖。

红淡比
Cleyera japonica

常绿，株高50cm以上。花叶品种可以提高阴处的亮度。生长缓慢，不耐干冷的寒风，不耐旱。扦插繁殖，新芽嫩红色。

扶芳藤
Euonymus fortunei

常绿，藤条长达1m以上。利用气根在树木和花园山石上攀缘。有花叶等不同品种，耐寒性强，在寒冷地区也可以种植。分株繁殖。

宿根植物花园
四季的园艺工作

从种植方法到繁殖方法，介绍了宿根植物花园四季的基本园艺工作。

为了让花园里每年都有绚烂的花朵绽放，一起来学习宿根植物的日常管理要点吧。

日照良好的花坛一角。种植了大小不同的喜阳宿根植物，充满明快、华美的氛围。

宿根植物是这样的植物

了解宿根植物的品种特性后，再来学习一些关于宿根植物的基础栽培知识和搭配种植方法，以便更好地把宿根植物运用到花园中。

可以生长若干年，年年开花

宿根植物指的是可以持续生长若干年，栽培后每年都会在同样的时候开花的植物。宿根植物包含在多年生植物里。

多年生植物中还有球根植物和较不耐寒的热带草本植物。宿根植物多数是冬季地上部分枯萎，而地下残存根系，所以在国外被称为“hardy perennial”，也就是耐寒多年生植物。

世界各地的温带地区，都分布着多种多样的宿根植物

例如桔梗、黄花龙牙等秋季开花的草花，山野里生长的很多野生植物都是宿根植物。圣诞玫瑰、福禄考、美国薄荷等也属于宿根植物。从植物分类学上说，宿根植物遍及菊科、蔷薇科、百合科等科属。宿根植物主要分布在温带地区，原生环境包括向阳处、阴处、干燥地、湿地、平地、高原等。

宿根植物的原产地可以在栽培该种植物时作为参考。不过，仅仅知道一个原产国没有太多意义，因为很多国家的不同地区的地理条件差异巨大，很难真正了解原生地的生态环境。相反，通过植物的形态，还能大概推想出原生地的环境。这种学习也可以说是园艺的一个乐趣吧！

千姿百态的宿根植物，有常绿的、落叶的，开花的花期不同，生育期间和休眠期间也有很大差异，耐寒和耐热的程度也不同。此外，植株的寿命有长有短，有些在寒冷地区是宿根或多年生的植物，在温暖地区却只能作为一二年生植物栽培。

主要的宿根植物分布图

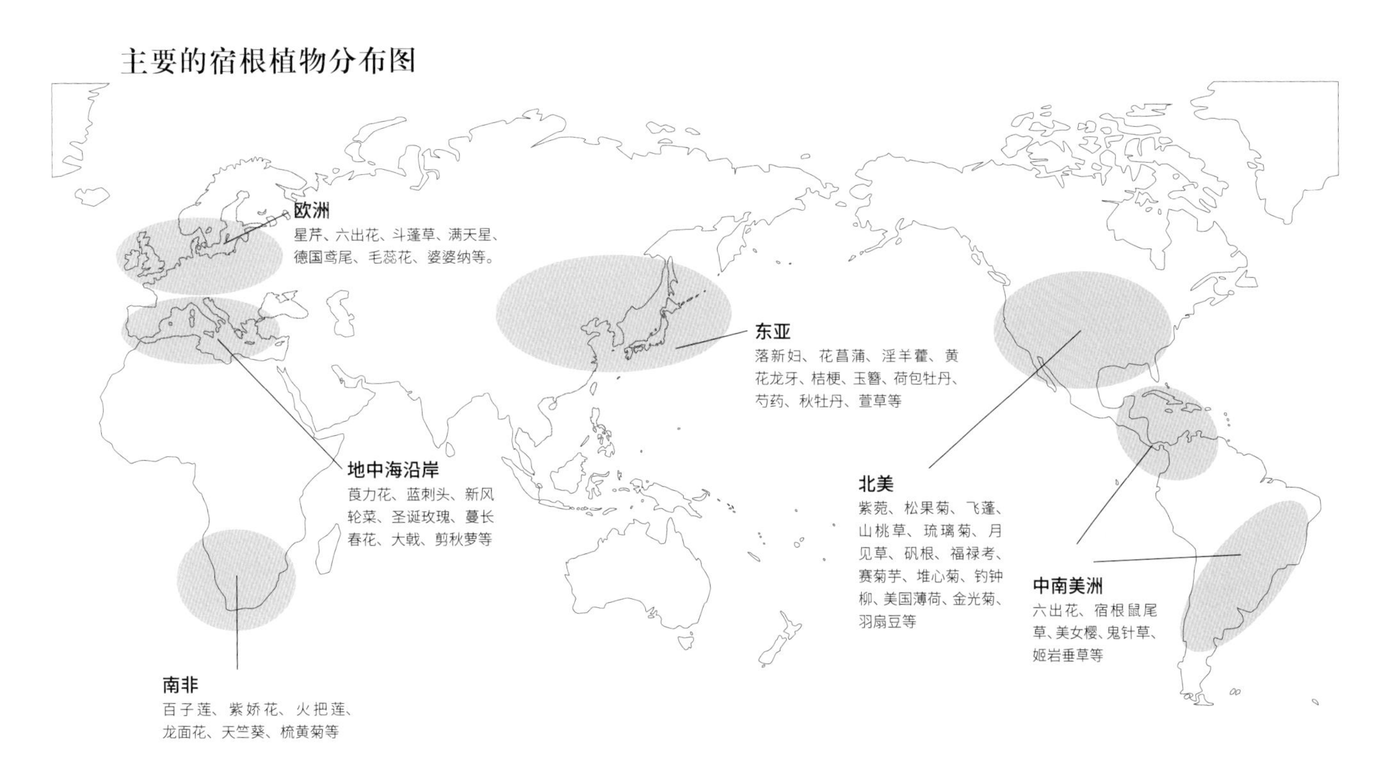

了解长处和短处

任何事物都有其有利的和不利的方面。栽培的时候尽量发挥植物的长处，避免短处是很重要的要点。

长处　种下后每年都会开花，是花园中不可缺少的存在，并且，管理省力、不需要太多的维护。在利用宿根植物打造景观时，植株的分量感，花形、花色的多样性，都可以进行多种组合，富于丰富的变化，宿根植物的魅力可谓无穷无尽。

当宿根植物完全融入环境后，可以成为花园的长期成员，体现季节的变迁，赋予花园安定感。

短处　因地制宜地选择品种非常重要。不适应环境的植物长势很差，并会发生枯萎、不开花等问题。在栽种前必须确认植物对日照、土壤和水分的要求。另外，宿根植物并非可以放任不管，有些品种会过度生长过剩而占据土地，成为多年生杂草。所以习性强健的宿根植物如果不加以合理控制就会过分蔓延繁殖，把花园变得杂乱不堪。

植物种类不同，生长速度和繁殖方法也各不相同，在栽种前，要了解具体的生长习性后再种植。可以说，事先的准备工作决定了今后在养护中耗费的精力。

阴处的道路旁设置了细长的花坛，基本照不到太阳的地方也种了很多植物。开黄色的小花是赛菊芋，本来是喜光的植物但也可以在不太暗的阴处生长，只是植株会比向阳处的小一些。

日照良好的花园，草坪中的花坛里种植着喜干燥环境的绵毛水苏。

斜坡上的种植区域日照良好，适合喜好排水良好的植物。图中混植着地椒、大戟、景天、矮牵牛等。

注意最低限度的维护

植株过度生长、枝叶密集后，就会发生倒伏、老化以及病虫害等问题。不仅看起来不美观，而且如果在按开花季节搭配的组合里有一些品种不能按时开花，就会打乱整个设计。回剪、摘心、间苗一定要按时进行。宜选择生长缓慢的植物，生长状态容易控制，就可以实现低劳力管理。所以在栽培植物的同时，要注意限制植物的疯长。另外，有些品种的花期很短，需要在中间穿插种植些彩叶植物，或是利用一年生和球根花卉来弥补花期的空白。

巧妙运用宿根植物的方法

下面将介绍宿根植物的花园运用要点。
首先，要了解该种植物的大小和日照需求。

在花园树下的阴处生长的大吴风草、福寿草和蕨类。

巧妙组合不同形态的植物

怎样充分运用宿根植物呢？有很多窍门是不实际操作就不会知道的，这也可以说是宿根植物的魅力所在吧。当然，一些最起码的知识我们还是必须事先掌握，例如植物的大小（株高、宽幅）、株形、生长需要的日照条件。

植物的株形千差万别，有高挑、直立的高瘦型植物，也有茂密、蓬松的球形植物，还有贴着地面蔓延的垫形植物。茎干的生长方式，叶片的形状、大小、数量、颜色和质感，花朵的形状及开放方式等都会影响人们对植物的观感。根据开花期、生长旺盛期的株高和株形，可以决定在什么地方种下什么品种以及植物的株距和密度。要事先规划好这一切，需要训练自己的想象能力。邻近的植物最好选取株形和质感都不一样的植物，让它们彼此衬托、相得益彰。

根据日照条件把需求类似的品种组合在一起

从向阳处到全阴处，植物适宜的日照条件各不相同，同时，植物亦有对环境的适应范围。虽然植物对日照的适应范围并没有特别明显的界线，但把喜好相同环境的植物组合种植到一起，不仅看起来统一、和谐，而且容易形成自然的植栽风景。

日照条件不同，适宜种植的宿根植物也不同

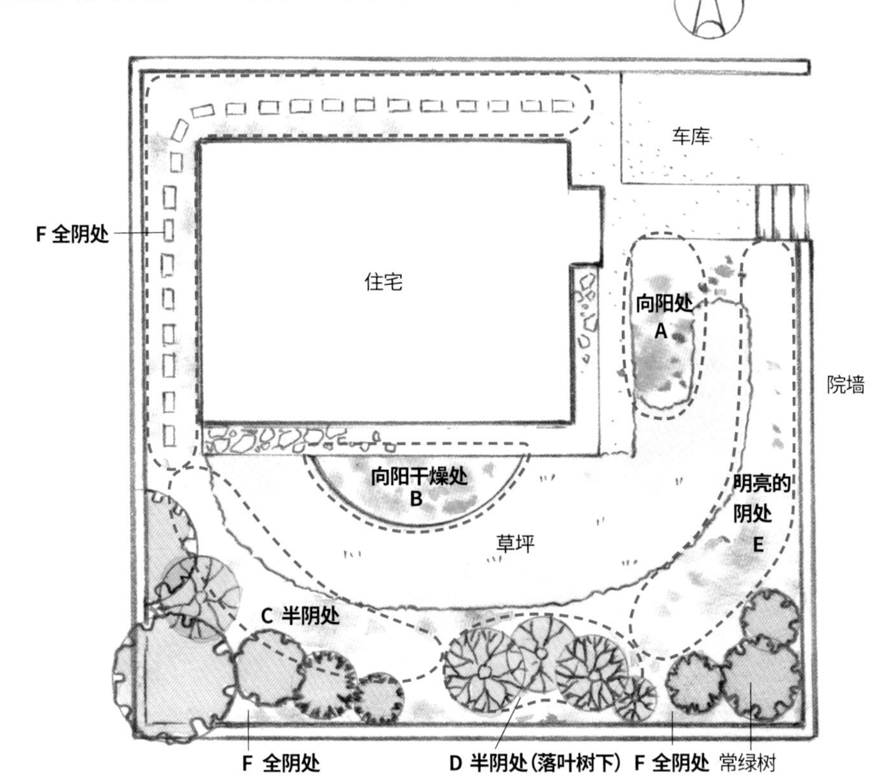

A 向阳处

一天中有半天以上的日照，适合种植大多数喜阳类宿根植物。

B 向阳干燥处

地椒、常青屈曲花、老鹳草、石竹、松叶万年草、大戟、绵毛水苏等。

C半阴处

一天中有2~3小时的日照，可栽种落新妇、淫羊藿、绣线菊、紫菀、铃兰、白芨、紫斑风铃草、花葱、剪秋萝等。

D半阴处（落叶树下）

可栽种林荫银莲花、虾脊兰、延龄草、脐果草、圣诞玫瑰、荷包牡丹、秋海棠、雪割草等。

E明亮的阴处

基本照射不到直射阳光但是相对明亮的地方。可栽种茛力花、筋骨草、玉竹、姬射干、矾根、夏枯草、野芝麻等。

F全阴处

常绿树下和北侧的道路旁等相对暗的阴处，可栽种一叶兰、蝴蝶花、吉祥草、血水草、大吴风草、白芨、麦冬、虎耳草等。

种植的基本要点

种植宿根植物，首先需要选择健壮的幼苗，在合适的时间种下去。
下面介绍选苗、准备土壤以及种植的方法。

选苗的方法

一般来说，宿根植物在种植的第一年无法达到本来该有的株形。为了让植物种植后顺利生长，要注意以下几点，来选择适合的苗。

寻找宿根植物花苗的供应商　宿根植物最适宜种植的时间是春季和秋季，花苗也多在这期间上市，但是除了专卖宿根植物的园艺店以外，其他地方出售的品种都十分有限。在哪里购买想要的花苗，这个需要在平时逛园艺店时加以留心，如果在网站上发现了合适的网购商店，也要及时添加到收藏夹里。

避免买到软弱的花苗　有些宿根苗是带花的盆栽苗，可以立刻观赏花朵，但是更常见的还是没开花的小苗。春季到初季，可以看到开花苗和只有叶片的营养钵苗，而秋季则会有地上部分枯萎后挖出来的裸根苗。季节不同，花苗的形态也各有差异。早春上市的花苗大多是在温室里加温促成生长的，在自然环境种植后容易冻伤，同时，强行打破花苗的休眠会使花苗发芽力弱，很难正常生长，拿回家后会逐渐衰弱。应该避免购买这种“温室里的花朵”，而选择那些在休眠期充分休眠，积累养分的花苗。

选择芽头健壮的花苗　选择芽头健壮、饱满的花苗，病弱的花苗很难长得茁壮。很多人喜欢芽头多的苗，但是像圣诞玫瑰这类植物就应该选择芽头少但饱满的花苗。

适宜的种植期

从春分后到4月，秋分后到10月，都是一年中最适合的种植期。花苗上市有季节性，错过适合的种植季节，可能就需要等到下一个种植季节才能种植了。

牛粪和鸡粪的堆肥，选择完全腐熟的。

堆肥，由树皮、落叶、谷壳等有机物发酵而成。

农用石灰，用于中、酸性土壤。

腐叶土，选择没有叶片形状残留完全腐熟的。

改良土壤

良好的土壤环境是植物健康生长的重要条件，仔细观察花园里新开辟的种植地和新建花坛的土质，会发现这里的土壤通常都需要改良。因为植物的根系一直在进行呼吸，所以土壤里需要一定的氧气。透气性好，排水、保水力俱佳是合格土壤的必备条件。

改良土壤的方法一般是添加腐叶土和完全腐熟的堆肥，比例大约是每平方米加入15L的堆肥，也可以用7.5L腐叶土混合7.5L堆肥。

此外，土壤的酸碱度也十分重要，有些品种在过酸的土壤里不容易生长。雨水多的地方，土壤大多呈酸性，可以每平方米撒100g的农用石灰以中和土壤的酸碱性。

基肥可以选用化学肥料（N：P：K=8：8：8），每平方米撒100g（参见107页的操作说明）。如果只种植花坛的一部分，可以利用空的地方把腐叶土堆上去充分搅拌好后再深耕入花坛里。

不同类别植物的种植深度

株距和种植的深度

植物的株距指的是在种植多株植株时，植株与植株间的间隔。应该考虑植株成熟后的宽幅和根系的范围，预留充足的空间。

种植的深度根据植物品种不同而改变，冬季常绿或者保持莲座状的半常绿植物（A类）应贴着地面种植，而芽在地下过冬的植物（B类）需要种到完全覆盖芽头的深度。有的植物根茎在靠近地面的稍下方蔓延（C类），这种就不要让土壤盖住芽头。

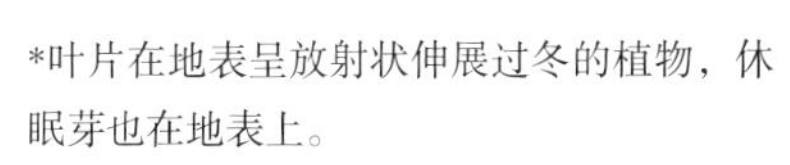

*叶片在地表呈放射状伸展过冬的植物，休眠芽也在地表上。

A类

欧洲报春。

圣诞玫瑰。

紫叶老鹳草。

B类

星芹。

玉竹。

荷包牡丹。

C类

德国鸢尾。

老鹳草'斯特法尼'。

花菖蒲
为了避免土壤干透，稍微向下挖掘后种植。

地下根茎生长旺盛的种类，需要预先限制根系的生长区域

风铃草、天蓝鼠尾草、珍珠菜'爆竹'等地下茎向四周伸展蔓延的植物，需要围住栽培的区域来限制根系生长，这样可以省掉不断间苗的麻烦。

将半圆形的波形板埋入花坛里，再种入风铃草和天蓝鼠尾草，因为这两个品种的根系都很能蔓延，然后再用波形板把天蓝鼠尾草单独围起来，特别限制其根系生长。

1 在埋入半圆形波形板的花坛里挖出种植坑，用波形板围出圆形。

2 在波形板里回填土壤。

3 种入两株风铃草，波形板围住的区域内种入天蓝鼠尾草。

需要准备的物品

宽度30~50cm的塑料波形板或农用隔离膜。

制作一个小花坛

这里介绍的是背靠树篱的北向花坛。四周开阔，夏季有半天以上的日照，下午阳光强烈；冬季花坛会被树篱阻挡，全天都没有日照。

用枕木给花坛围边。

植物的选择

这是从单个方向观赏的花坛，所以宜用株高不同的植株混栽，根据开花期、花色、株形、叶色和质感来选择搭配。因为日照条件特殊，花坛面积又不大，应选择习性强健又不会过分增殖的植物。

关于基肥

根据土壤的状况来决定如何使用基肥。这个花坛已经填入新土，并且加入了堆肥来改良土质，但是没有放置肥料，只加入了腐叶土。这种情况下，可使用缓释型的颗粒肥料，每平方米使用100g。如果有数年没有改良土壤，则需要每平方米再加入100g的农用石灰。

需要准备的物品

种植的植物、用于土壤改良的腐叶土（1平方米15升）。

*工具有铁锹、移栽手铲、水壶等。

*2012年5月上旬拍摄，（　）内为植物大概的大小。

栽种花苗

整备好土壤后，就可以栽种花苗了，这里是一个用枕木围边的抬高式花坛，已经加入鹿沼土改良了排水性能，在这里只需要再加入腐叶土即可。

在花坛表面铺上一层5cm厚的腐叶土。

用铁锹翻挖，混入腐叶土，拌匀。

充分考虑株高等因素，把准备好的花苗摆放在花坛地面上尝试组合，观看和调整。

用移植铲挖出一个比育苗钵大一圈的种植穴。

没有盘根情况的花苗直接拿出土团种入地里。

根系有盘绕的，稍微将根系揉松到图上的程度。

在种植穴里种上花苗，轻轻按压根部。

种植结束后，充分浇水。

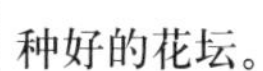
种好的花坛。

●宿根植物花坛从第3年开始大显身手

宿根植物从种下幼苗后，大约需要3年才能长成成年植株，而且植物每年都会繁殖增加，渐渐变成观赏价值高的花坛。

根据需要进行移植和补植

种植好花坛后，每过一段时间都要观察植物的生长状况，根据需要进行移植和补植。如果种在前方的玉簪出现了焦叶，就要尽早移植到阴凉的地方，并在空出的地方种上别的植物。

黄色的中斑玉簪‘船长’容易发生焦叶。

约**1**个月后　左前方的玉簪发生了焦叶。

挖出玉簪。

把玉簪移植到阴凉处。

在原来玉簪的位置上，种上密穗蓼。

观察整体的株形状态，在左边后排补种了紫露草‘甜凯特’。

约**4**个月后

所有植株长大，桔梗和松果菊开始开花。

约**5**个月后

矮生紫菀开花，为它添加一根支柱。

种植喜肥的宿根植物

芍药的种植

芍药种植后就可以放任4~5年不用再管，但为了让植株健康生长，在种植前要加入腐叶土和基肥，充分改良土壤。适宜的种植时期是9月下旬至10月下旬，种好后用堆肥覆盖土壤表面。

种植方法相同的宿根植物

松果菊、铁线莲、荷包牡丹、老鹳草等。

需要准备的物品

芍药1株、腐叶土6L左右、缓释型颗粒肥(N：P：K＝8：8：8)、农用石灰。

*工具有铁锹、移植手铲、水壶等。

花坛里的芍药，种植3~4年后才能长成这样壮观的植株。

挖一个直径50cm左右的坑，加入腐叶土以及30g农用石灰。

用铁锹拌匀。

加入50g缓释型肥料，充分搅拌。

用手铲挖开土壤，放入花苗，芽头距离地面3~5cm。

覆土，剪掉花茎。

用树皮堆肥覆盖土壤表面。

＊覆盖　覆盖可以防止土壤表面干燥，促进植物根系的活动，覆盖后的地方春季发芽较早。一般用堆肥覆盖，也可以用腐叶土覆盖。

＊追肥　每年都在同样的地方生长的宿根植物，需要在春季和秋季追肥，肥料可以用和基肥一样的缓释型化肥。

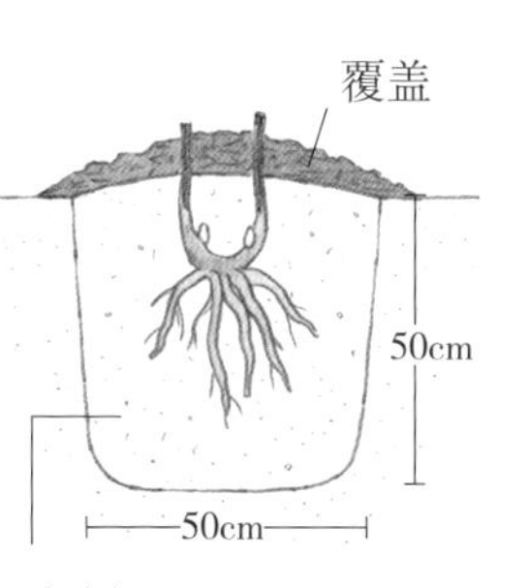

各式各样的抬升式花坛

抬升式花坛英文叫“raised bed”。将种植区域抬高后，土壤排水得到改善，植物的生长会更好。
另外，在土壤上加以调整，就可以在花园里种植高山植物等不耐高温、高湿的植物。

简单的挡土抬升式花坛

黏质土壤排水不良，为了栽种山野草或是不耐高温、高湿的宿根植物，可以利用抬升式花坛。

用枕木、石头或砖头围成花坛，再填充土壤，把花坛抬高。抬得越高，排水越佳，但建造也相对困难，需要用红砖抹灰浆来建造。如果只做一个简单的小花坛，就可以用砖头将四周垒起来，或是在四周放置枕木或原木，再填充土壤。这种情况虽然不能建得太高，但是排水性已经得到改善，足以发挥出抬升式花坛的作用。

使用枕木的宿根植物花坛

仅仅将花坛从地表抬升了10cm，就可以很好地改善排水。这个花坛只是用枕木围成四方形轮廓，中间加入种植土，再掺入鹿沼土，就有效地改良了排水性能。除了宿根植物外，还种植了山野草等多种植物。

参见104页中介绍的花坛。

Oguro

在水泥地面上建造的原木花坛

在水泥地面上用原木叠起来建造的花坛，土层厚度大约为20cm，可以活用到露台或屋顶花园中。建造屋顶花园时需要进行防水处理，最好寻求相关专业公司的帮助。

用红砖竖起后搭造的山野草花坛

高山斗篷草
高山耧斗菜
矾根
荷包牡丹
报春猴面花
岩白菜
石竹‘粉宝’
矮生婆婆纳
槭叶草
蓝盆花
加拿大耧斗菜

把红砖竖着埋掉一半就可以打造一个简单的抬升式花坛。花坛里填入山野草专用土壤（小粒鹿沼土4份、小粒轻石4份、腐叶土2份的混合土），种植了报春猴面花（译注：*Mimulus primuloides*，一种原产美国加州的高山植物）和高山耧斗菜等种植难度较大的山野草。在温暖地区如果有30cm左右的抬升式花境，也可以种植很多不耐高温、高湿的山野草。

报春猴面花。

下挖式山野草花坛

除了抬升式花坛，还有一种从地面下挖，再填入山野草栽培专用土的方法，也可以打造排水良好的山野草花坛。挖掘出的土壤可以用来制造花园中的高低起伏，可谓一举两得。下面介绍这种花坛的做法。

需要准备的物品

中粒轻石、中粒桐生砂、腐叶土等。

1 从地面向下挖掘30cm，踩踏结实。

2 加入轻石和桐生砂，混合均匀。

3 加入腐叶土及轻石，再度混合均匀。

4 周围放上石头，不要让花园的土壤专用土壤混合，再用专用土填充花坛。

3年后的下挖式花坛一角，种植难度高的老鹳草也生长得很好。

体验季节的乐趣，多层次种植

多数宿根植物的花期并不长，所以在同一个花坛里种上不同开花期的植物，可以制造出多层次种植的效果，感受季节变化的乐趣。

将小小的花园变成低维护的花海

自然风格的花海，优点无数

以宿根植物为中心，搭配以一二年生植物、球根植物以及灌木，打造成混合式花坛。这样的花坛里，不同的花朵随着季节交替开放，仿佛山野中的花海，既富于变化，又可在若干年内不断重复相似的循环，充满自然的安定感。植物间保持和谐的共生关系，有效地利用了空间，也不会浪费管理的时间，同时还可以抑制杂草、保全土地的生长力。

根据生长习性，将不同的种类进行组合

多层次栽培是把植物栽种成两三层的栽种方式，例如，下层种植宜深植的洋水仙等球根类，中层栽种夏季休眠的樱草报春类，上层栽种从夏季到秋季开花的宿根紫菀，组成多层次的组合。

多层次栽种时要保证每种植物都有发芽生长的空间，把握植物各自的生长习性后，选择生长期和开花期不同的植物，在同一区域错开种植。

除了地上部分的配置，也要充分考虑地下部分的组合，直根植物和须根性的植物搭配、向地下深深伸展的球根和沿着地面蔓延的草花都是很好的搭配伙伴。不要一开始就忙着把地面种满，而是保留余地、逐步增添为好。

反复间苗和补植，分步骤完成

考虑到植物间的共生关系，如果放任不管，就会只留下习性强健的植物品种，娇弱的品种会消失。所以在花期结束后要尽快修剪，为下一批开花的植物腾出生长空间和光照。另外，对于植株繁殖很快的品种要及时间苗，在空地种上别的品种。通过观察全年的搭配效果，逐步增加一些在少花季节能够补充花量的品种。

人为制造出斜坡，让花坛呈现出高低起伏，有利于分类种植。此外，应活用地被植物，尽量不让地面裸露，也可以省掉管理的劳力。

从春季到夏季不断变化的花海

(面向道路的东南向花园)

早春 樱花‘云龙’、花水树、毛樱桃（中央）等树木开花时，早春的草花也竞相开放。从左侧开始是林荫银莲花、风信子、圣诞玫瑰、洋水仙等，右侧还可以看到三叶委陵菜的黄色小花。

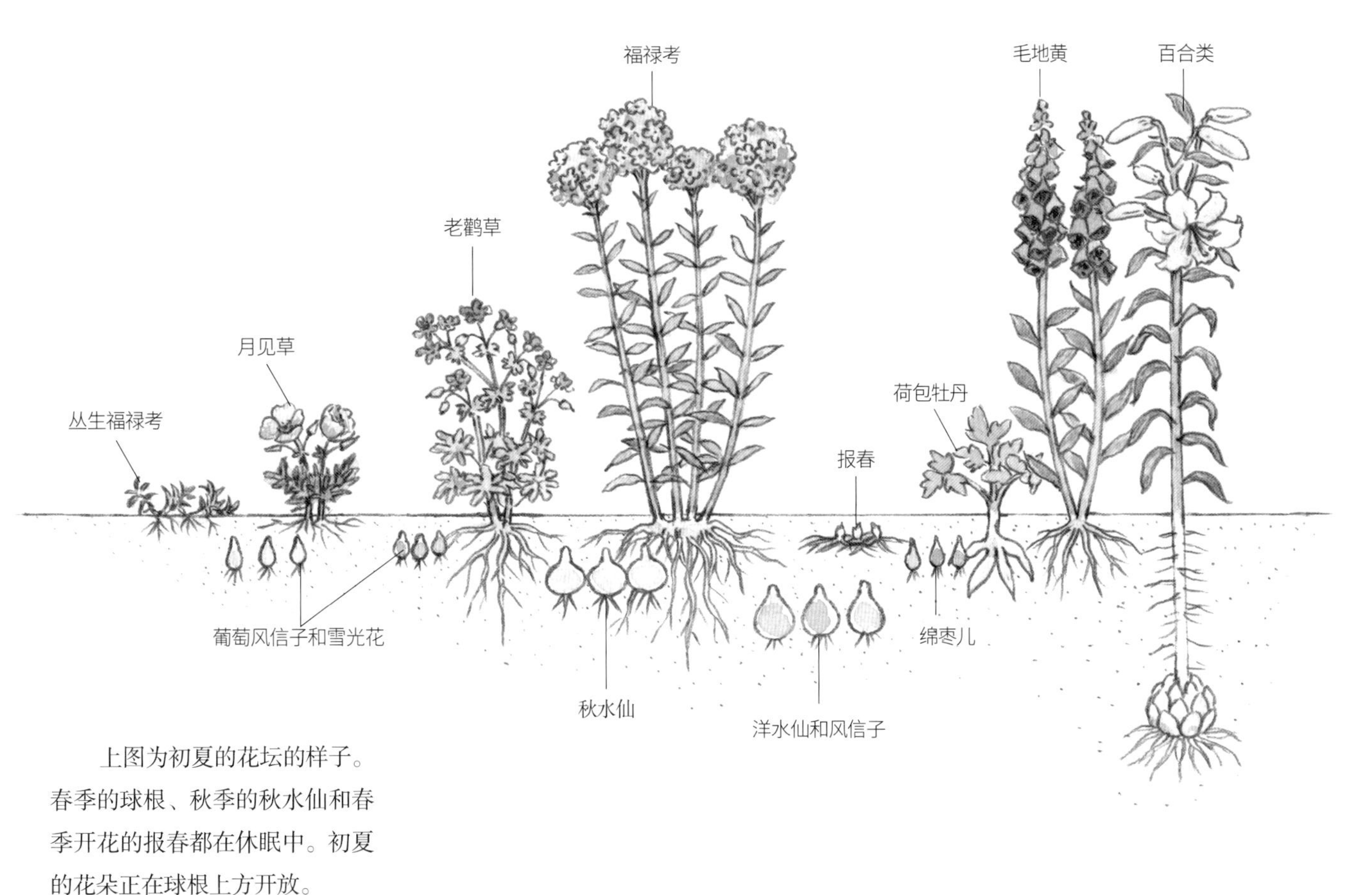

上图为初夏的花坛的样子。春季的球根、秋季的秋水仙和春季开花的报春都在休眠中。初夏的花朵正在球根上方开放。

晚春 左上方的福禄考开始生长，下方的猫薄荷在开花，大花飞燕草的天蓝色花穗在后排亭亭玉立。白色小花是夏雪草，淡粉色的是老鹳草，右侧石竹成片开放，右前方则是蔓延的野草莓。

初夏 左侧的花水树前方福禄考掩映成趣，千屈菜也开始开花。中间右侧的黄花是宿根向日葵，朱红色的是雄黄兰。枫树枝头冒出红色的嫩叶，道路旁边盛开蓝色小花的低矮植物是蓝雪花。

夏季　福禄考、金光菊、千屈菜、宿根向日葵等竞相开放，组成热烈的夏日花园。在盛夏少花时节，打造出令人赞叹的花海光景。

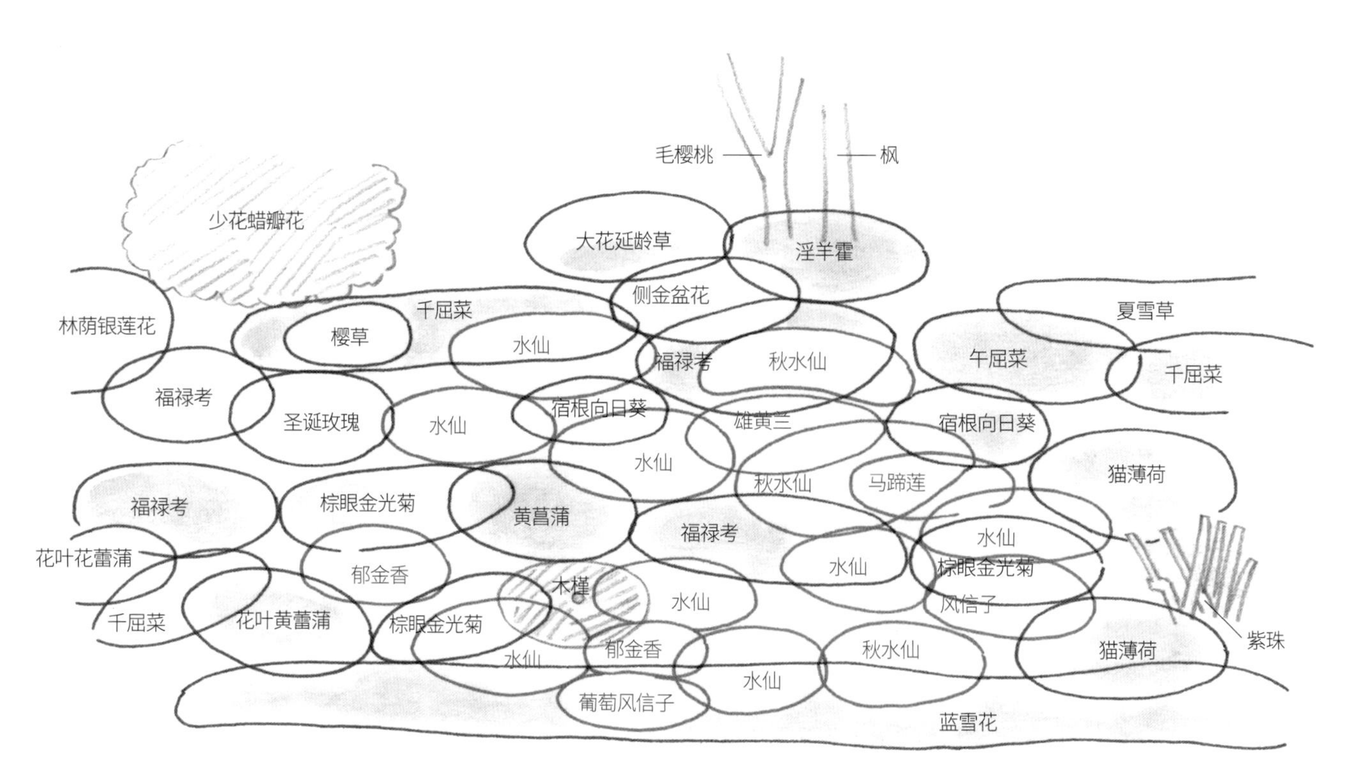

植栽图　*只标注了图中混植花坛的主要植物，蓝色字是宿根植物，红色字是球根植物。

开始尝试多层次种植！

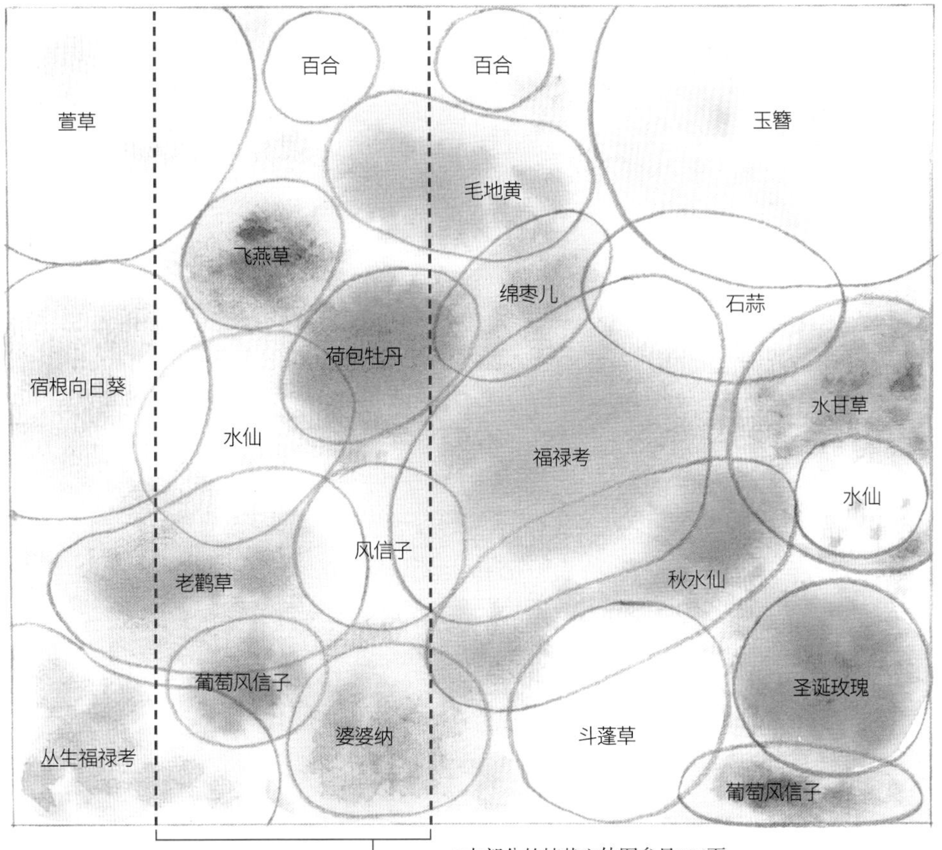

*本部分的植栽立体图参见114页

参考植栽图

下面以$4m^2$的四方形空地为例，介绍多层次种植的方法。在你家的花园也不妨放手一试！

从大型品种开始种植，再搭配以中小型品种

先确定大型品种和灌木类的配置，开始栽种。它们可以放在花坛中央作为景观中心，也可以在后方作背景，是一座花坛的灵魂。蓝刺头等直根植物、花葵等粗根性的植物以及通过地下茎繁殖的植物，都要尽早决定它们的栽培位置。

中小型品种可根据株形和开花期来选择种植品种。不管怎样，都要在最初留出余地，以确保添加球根和短寿命宿根植物的空间。

几年后，植物长大成大株，球根也密集增殖。春季的水仙花坛在夏季盛开灿烂的福禄考和宿根向日葵，而秋天，石蒜和秋水仙在胡枝子和美国薄荷中间婷婷绽放。宿根植物花坛从此精彩起来。

修剪、间苗、补植，控制植物的生长

为了维持花坛整体的协调，不让植物过度生长、茎叶过分繁茂，必须在各个地方都保留一些空余空间。当植物长得过大时，要把全株剪到一半，并通过观察邻近的植物的生长状况，人为控制那些生长过快、过强的植物的生长。当植物间的竞争无法控制时，就要把这部分全部拔除，腾出空间种上其他更合适的植物。

在现有的花坛里种上球根植物和一二年生草花

已经种有各种宿根植物的现成花坛里，在少花或宿根植物休眠的季节里可以加入球根或一二年生草花来活跃氛围，增添色彩。

利用宿根植物间的空隙挖掘出种植孔穴，即使有根系生长也不用在意。在孔穴里种下球根和小花苗，也可以播撒种子。

对于过分增殖的品种和长势强健的品种，也要通过修剪和间苗来抑制它们的生长。最后，在植株脚下种上地被植物和低矮的蔓生植物，例如玉簪和花叶羊角芹等。经过一段时间的自然混合，就可以呈现出一个既有立体感又有深度的绚丽花坛。

这样变化！多层次种植花坛的春季和初夏景观
（113页花坛的一部分）

（113页花坛的一部分）

春季

球根植物开花，荷包牡丹长长的花茎随风飘舞，初夏开花的植物则开始萌生新芽。

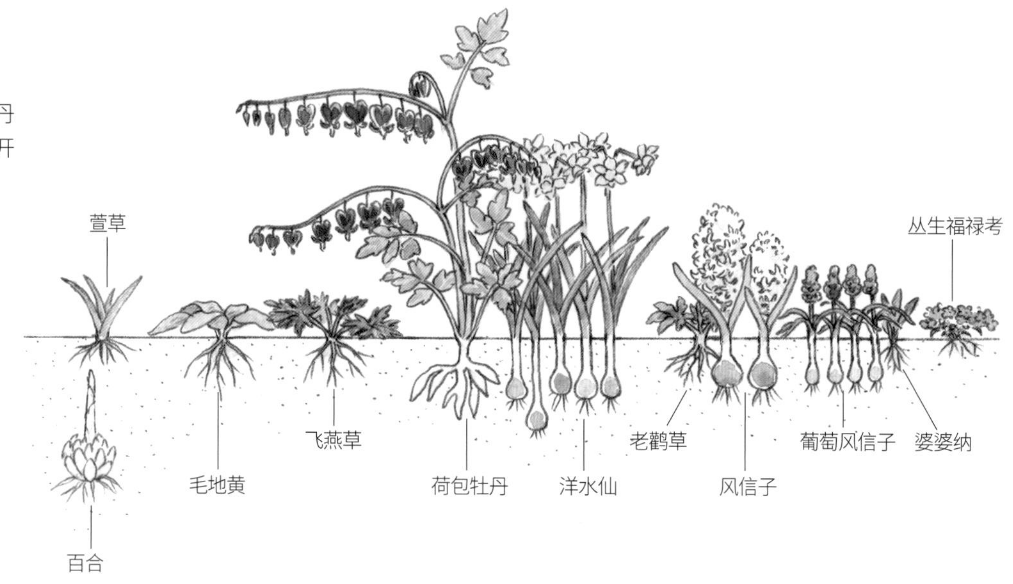

初夏

球根植物休眠，初夏开花的植物开始绽放花朵。

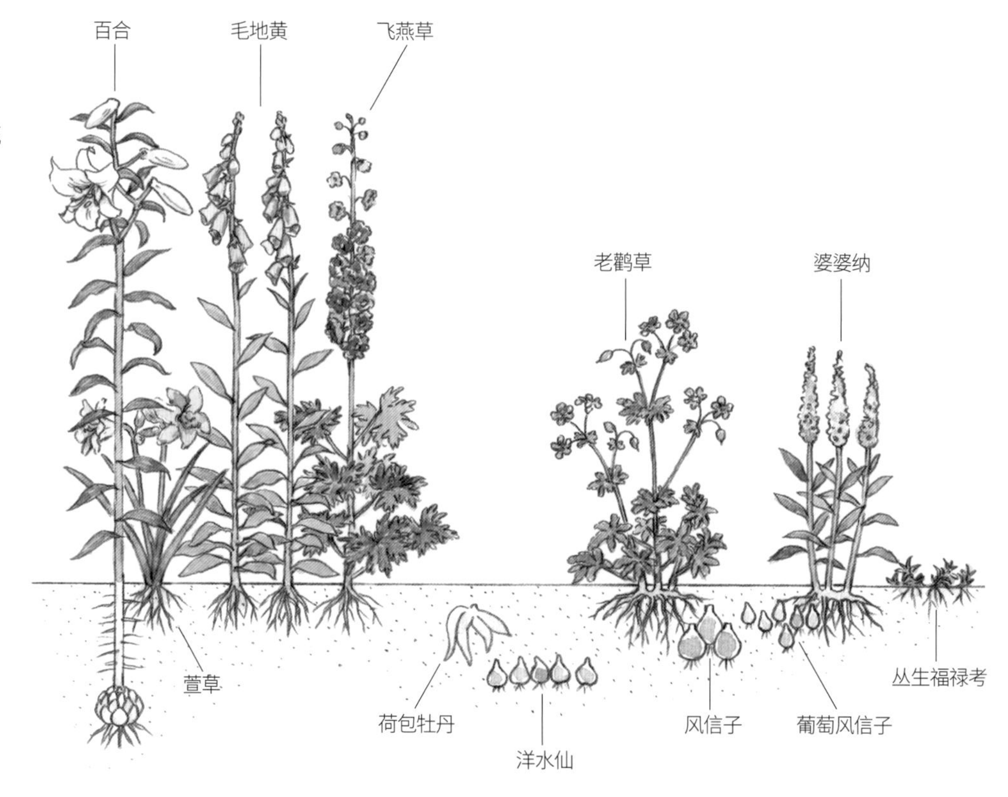

适合多层次种植的植物

宿根植物

春季开花 林荫银莲花、淫羊藿、大叶延龄草、圣诞玫瑰、樱草、夏雪草、石竹、堇菜、侧金盏花、岩白菜、三叶委陵菜等

晚春至初夏开花 百子莲、东方罂粟、黄菖蒲、猫薄荷、老鹳草‘强生蓝’，血红老鹳草、德国鸢尾、飞燕草、花叶玉竹、花叶黄菖蒲、花叶花菖蒲、婆婆纳、水杨梅、紫露草、橙香薄荷、蓝刺头、野草莓等

夏季开花 松果菊、黄华龙牙、桔梗、黄山梅、宿根向日葵、珍珠升麻、博落回、福禄考、千屈菜、全缘金光菊、蓝雪花等

秋季开花 冬波斯菊、宿根紫菀、宿根万寿菊、夜鸢尾、棕眼金光菊

福禄考。

黄花葱。

球根植物

春季开花 番红花、仙客来、洋水仙、雪滴花、雪光花、郁金香、紫灯花、风信子、西班牙蓝钟花、条纹海葱、葡萄风信子

晚春至初夏开花 黄花葱、马蹄莲等

夏季开花 小黄花菜、雄黄兰、夏风信子、夏水仙、凤梨百合等

秋季开花 秋水仙、常青藤叶仙客来、欧洲黄石蒜、石蒜等

秋水仙。

观叶植物

朝雾草、羊角芹、玉簪、观赏草、黑叶三叶草等

用花盆栽培宿根植物

宿根植物也可以盆栽，下面就介绍盆栽的方法，以及土壤和日常管理的知识。

盆栽用土

根据宿根植物生长习性的不同，适合的土壤可以分成几大类。基本原则是强健品种使用保水性好的土壤，一般的品种使用排水、保水都不错的土壤，而习性娇弱、不耐高温高湿的品种则使用排水良好的土壤。

保水性好的土壤：小粒赤玉土7份，腐叶土3份的混合土。

保水、排水性都好的土壤：小粒赤玉土4份、小粒鹿沼土3份，腐叶土3份的混合土。

排水性好的土壤：小粒鹿沼土4份、小粒轻石4份、腐叶土2份的混合土。

另外，赤玉土和鹿沼土尽可能使用硬质的产品，营养物质不容易流失，可使用较长时间。腐叶土要使用完全腐熟的。

肥料最好不要混合在土壤中，盆栽时一般在植物生长旺盛的春秋季给植物施肥，方法是把颗粒状肥料放置在盆土表层下方或喷施液体肥料。

盆栽的百子莲（前方）和福禄考（右后方）。

排水性好的用土

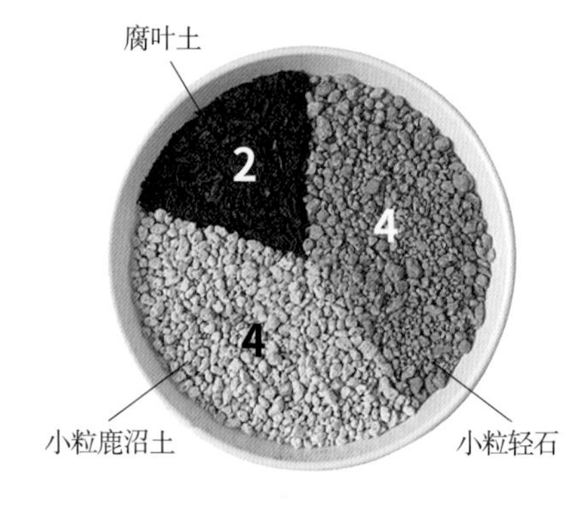

适宜喜好向阳处、向阳干燥处的宿根植物和喜好半阴处（落叶树下）的山野草，也适合耐热性偏弱及普通的品种。

保水、排水性都好的用土

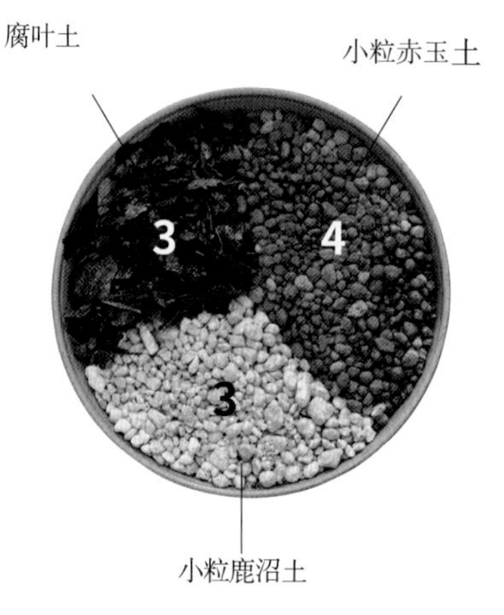

适合大多数喜好向阳处、半阴处、明亮的阴处、全阴处，需土壤干湿适中的宿根植物品种。

保水性好的土壤

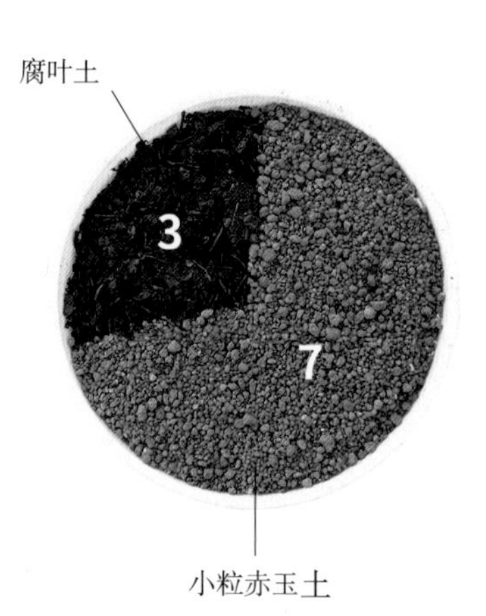

适合喜好向阳处、生长旺盛的强健品种，通过地下茎繁殖或需要限制根系的品种，需土壤的湿度从湿润到中等湿润以及耐热性和耐寒性都很好的品种。

需要准备的用品

花盆（6号/18cm直径）、颗粒土=鹿沼土中粒、种植土（小粒赤玉土4份、小粒鹿沼土3份、腐叶土3份的混合土）、盆底孔网、花苗（10.5cm育苗钵苗）

种植方法（例/百子莲）

下面以百子莲为例来介绍盆栽的方法。

需要拨散根团吗？

植物根系缠绕在一起后，有的品种会腐烂，有的则不会。如果是会腐烂的品种，要将根团散开后再种植。而百子莲是不会腐烂的品种，而且根系易折断，所以不需要拨散土。

盆底放入2~3cm厚的颗粒土垫底。

加入种植土，到花盆一半左右深度。

把花苗连根拔出。

百子莲的根系容易折断，不需弄散根团土直接放入盆里。

在根团周围添加土壤。

留下2cm左右的浇水空间。

充分浇水。

日常管理

放置场所　根据植物的生长习性放置在光照条件适合的位置，但是有些喜好全日照的品种在盛夏也要放置在阴凉的半阴处。

生长期间在花盆边缘定期放置颗粒状缓释肥料。

浇水　盆土表面干燥后，浇透水直到有水从盆底孔流出。夏季在清凉的早晨浇水，冬季在上午或是温度上升后的中午浇水。冬季要避免盆土过湿，以偏干管理为宜。

肥料　盆栽和地栽不同，在土壤有限的花盆中培育，每天都会有水分和肥料流失，生长期间要定期补充肥料，主要是春秋季，施用液体肥料（N：P：K=6：10：5）或把缓释型肥料（N：P：K=8：8：8）放置在花盆边缘。为了避免夏季肥料残留烧根，从初夏开始就应该停止施肥。

换盆　宿根植物在盆栽时容易发生缠根现象，生长旺盛的品种要每年一次、其他品种每两年一次在春季进行换盆。

需要准备的肥料和工具

保证宿根植物持续开花所必须的肥料及在造园时常用的园艺工具。

根据目的分别使用肥料

适当施用肥料可以让宿根植物的花量增加，植株也会更加健壮，但施肥过量又会让植物长势变弱、倒伏和不通风。施肥时以先少量使用，观察后再逐渐增加为宜。

根据目的可以分为种植时的基肥、生长期的追肥以及冬季的冬肥等。花期长的品种，在开花期间还要追肥。

肥料的种类

有机合成肥料，适宜基肥或冬肥时期使用。

各种缓释型化肥（小颗粒），推荐成分为N：P：K=8：8：8的肥料，用作基肥或追肥，混入土壤中使用。

发酵豆粕等固体肥料，作为基肥、追肥和冬肥都可以使用，使用方法参照121页。

速效型液体肥料，适宜作为盆栽的追肥，溶入水后按照规定的倍率稀释后使用。

常用的园艺工具

下面介绍打造宿根花园时常用的园艺工具。

在挖掘种植穴时不可缺少。

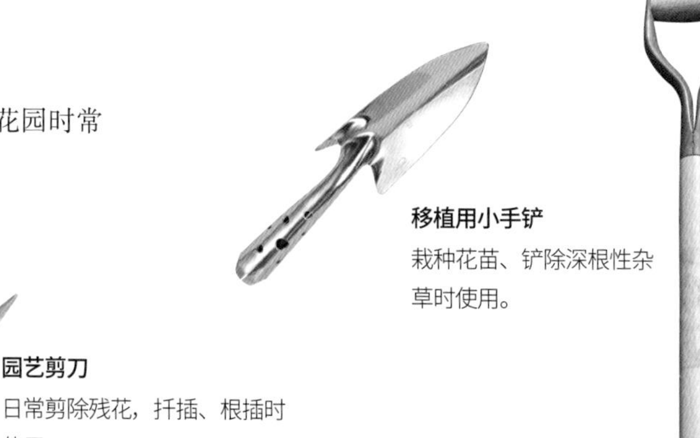

移植用小手铲

栽种花苗、铲除深根性杂草时使用。

园艺剪刀

日常剪除残花，扦插、根插时使用。

大锹

给花坛翻土、挖掘植株时使用。

在回剪大型植物时，使用树篱剪工作起来更省力。

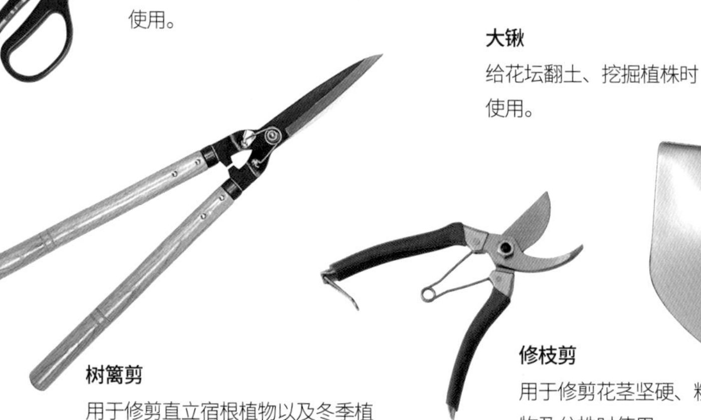

树篱剪

用于修剪直立宿根植物以及冬季植株的整理使用。

修枝剪

用于修剪花茎坚硬、粗壮的植物及分株时使用。

12个月的花园工作

1·2月

白雪覆盖下的圣诞玫瑰。

在花苗下方用木屑覆盖，防止霜冻。

本月的宿根植物

一年中最寒冷的季节，除了冬季开花的圣诞玫瑰和观果植物，花园处于一片萧条。大多数宿根植物都在深深休眠，地表部分已经枯萎或只剩下莲座状的叶片。常绿植物也停止生长。为了来年春季能够顺利生长和开花，很多宿根植物都必须要经受一定时间的冬季低温考验，有的品种甚至不经历霜冻就不能开花。

主要的管理工作

防止霜冻

多数宿根植物的耐寒性都很好，在地下休眠的品种只要根系健康、扎根深实，没有必要防寒。而植株尚小、根系较少的植物需要防寒和覆盖。否则霜冻会把这些柔弱的植物从地下托出，使植物遭受寒风的侵害。一般从花园北面开始环绕覆盖以防冻，而把南侧留出来接受阳光照射。如果用塑料袋等覆盖地面的话内部会闷热、不透气，利用稻草、树皮和落叶等天然覆盖物覆盖的效果更好。

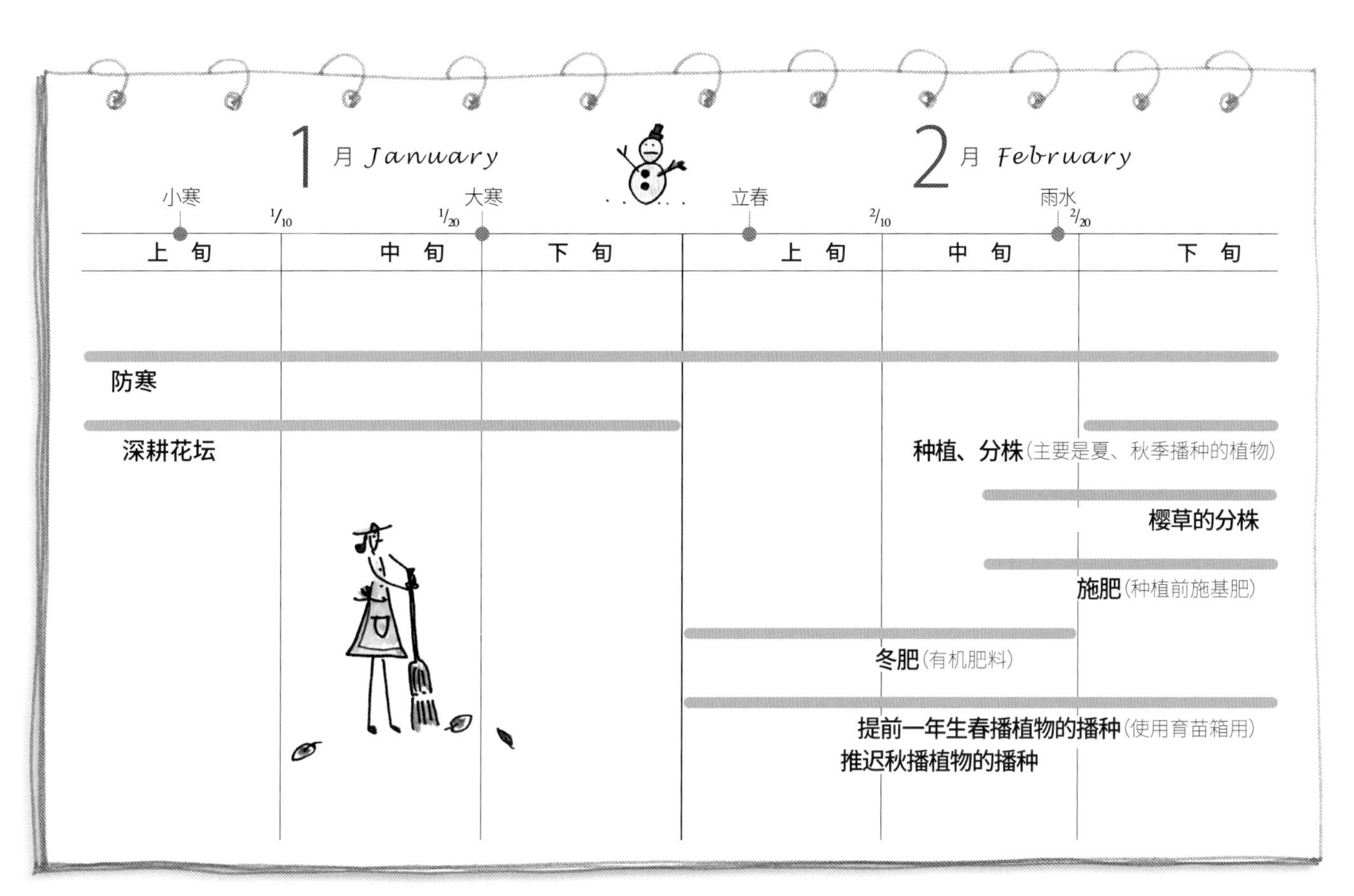

花园日志：随时记下注意到的事项，并附上照片的话，可以帮助制订来年的园艺计划。

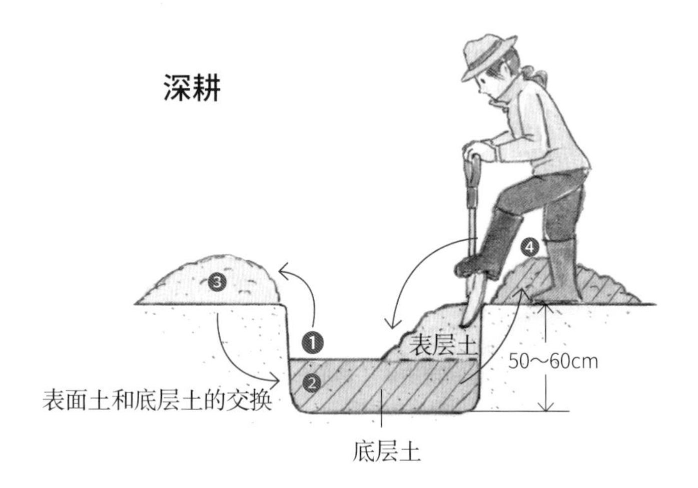

为花坛深耕

深耕就是把表面大约30cm深的土壤和下层的土进行交换。在相同的地点种植相同的品种，数年后植物的生长会逐渐衰退，也容易产生病虫害，这就是连作障碍。深耕主要是为了防止这种现象的发生。一般来说，在收获后的土地进行深耕，有利于土壤改良。宿根植物的深耕一般在分株和移栽的同时进行。规划好春季花坛后，在冬天深耕，这时在翻土的同时还可以在翻起的底层土里混入腐叶土。

制订全年计划

打造新花坛，通常是从春季开始着手。其实，在冬季提前开始翻阅园艺杂志、图鉴和种苗公司的目录，事先了解要栽种的植物的特性，春季工作起来会更加游刃有余。

经历了数年的花坛种植，就会觉察到做得成功的地方和值得反省的地方，不要指望一次性改善，而是每年都排列出“这个地方值得改进”的优先顺序，来做出可行的计划。平时的记录非常重要，把花坛四季不同的样子、主要植物的生长状态等做简单的笔记保存起来，在来年制订计划时就能起到重要的参考作用。

栽种、分株

休眠中的植物生长缓慢，植株的负担较轻，只要条件允许，不用等到开春就可以开始栽种。在地下休眠的植物可以随时栽种，但是常绿品种和莲座状过冬的品种还是等到3月以后再种较好。需要较早种植的植物有樱草，它的芽和根系从3月开始开始生长，最好在3月之前的休眠期完成栽种工作。特别是盆栽的樱草，需要尽早分株和移植。

冬肥

冬肥即在植物休眠期中使用的肥料，冬肥的效果可以在春季的发芽和生长期逐渐体现出来。除了宿根植物，玫瑰等开花灌木也需要添加冬肥。随着气温上升，肥效会逐步体现出来，冬肥多用固体的有机肥料等缓释型肥料，在根部周围的表土下浅埋一圈即可。如果是大拇指大小的大颗粒肥料，则以30cm为边长的四边形，每个角埋下3~5粒。新芽冒出后再添加肥料，有些品种会徒长、倒伏，以尽早添加冬肥为宜。

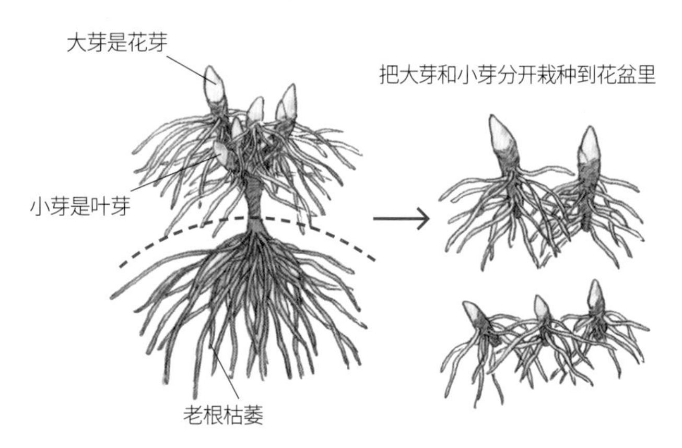

樱草

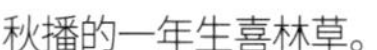

秋播的一年生喜林草。

秋播的一年生柳穿鱼。

冬肥的添加方法

以玉簪为例

固体有机肥料

把肥料埋在根的顶端附近（以叶片展开时叶片的尖端为准）。

拇指大小的固体肥料，30cm²的面积埋放3~5粒的用量，浅埋。

推迟秋播植物的播种

秋季播种的一年生草花在春季开花，把播种时间推迟到冬季，可以相应推迟植物开花的时间。但是播种时间越迟，植株就会在越幼小的时候开花，花量小，植株孱弱。如果将幼苗放在室内窗边或是利用育苗暖房保温，让它们尽快成长，幼苗在3月左右就可以长到适合下地的大小。例如，想让喜林草或柳穿鱼在4—6月份开花，就可以用这种推迟播种的办法。不过相比秋播，植株的尺寸多少会小些，应当稍微密植一些（播种方法参见136页）。

盆栽的管理

盆栽宿根植物在休眠时，不需要特别的管理。常绿植物需放在日照好的地点，落叶植物放在不会被寒风刮到的屋檐下、阴处等。浇水方法可以参考下面的“冬季的浇水要诀”。对于圣诞玫瑰的幼苗等正在生长中的植株，应定期使用稀薄的液体肥料。

可以进行这样的工作

让盆栽的秋植球根提早开花

从年末到1月来年，水仙和郁金香等秋植球根植物的盆栽会上市。这些球根是在冷库里进行一定时间的冷藏处理后拿到温室促进开花的品种，通过这些措施，让植物误以为“冬季过去，春天来了！”如果把植物在12月到1月放在室外经受寒冷考验，之后拿进室内管理，也可以同样达到提早开花的效果。水培的风信子也一样，如果不经历足够的寒冷期，很难开出漂亮的花来。

秋植球根的花盆放在温暖的室内窗台可以提早看到花朵。图中是盆栽的风信子和郁金香。

冬季的浇水要诀

冬季持续晴天的话，盆栽植物就容易干燥，特别是在干燥的寒风来袭时。休眠中的植物不太需要太多水分，但是也要保证盆土不会完全干透。应把地下部分休眠的植物品种放在阴凉、无风的地方管理。常绿的圣诞玫瑰还在生长，需要充分浇水。冬季浇水在上午为宜，傍晚浇水时残留的水分会在夜晚结冰，对植物生长带来影响，应该避免。此外，防冻的小温室内特别容易干燥，应该注意观察土壤的湿度及植株的生长状况，及时浇水。

3月
12个月的花园工作

本月的宿根植物

日照逐渐强烈，春天正在靠近。季节交替之际的温度变化大，既有暖洋洋的时候，也有寒气突然来袭的时刻。3月上旬和下旬的气温有着很大的差距。宣告春天到来的植物是番红花等小球根类，圣诞玫瑰则在3月迎来全盛花期。此时，在地下休眠的宿根植物的根系开始活动，芽也一点点膨大。

沐浴着阳光的圣诞玫瑰，旁边的老鹳草叶片也开始生长。

主要的管理工作

种植、分株

植物开始生长的时期，适宜种植和移栽花钵苗、分株芽数增多的苗以及进行翻盆等工作。此时正好是新芽和新根生长的时候，植物扎根非常快，此后的生长也顺畅。根据品种，有些需要在种植地点加入腐叶土，混合耕耘，以促进排水。确认好植株的状态、新芽的位置和数量后，调整植株的间距和栽种深度。种好后，充分浇水直到根系完全长好为止。（栽种参见102页，分株参见126页）

晚霜对策

相比起宿根植物休眠期间的严寒，春季的寒潮会给刚萌发的新芽带来更大伤害。落新妇、玉簪、白芨等柔嫩的叶片和花蕾如果遇到突然的寒霜会很快枯萎。

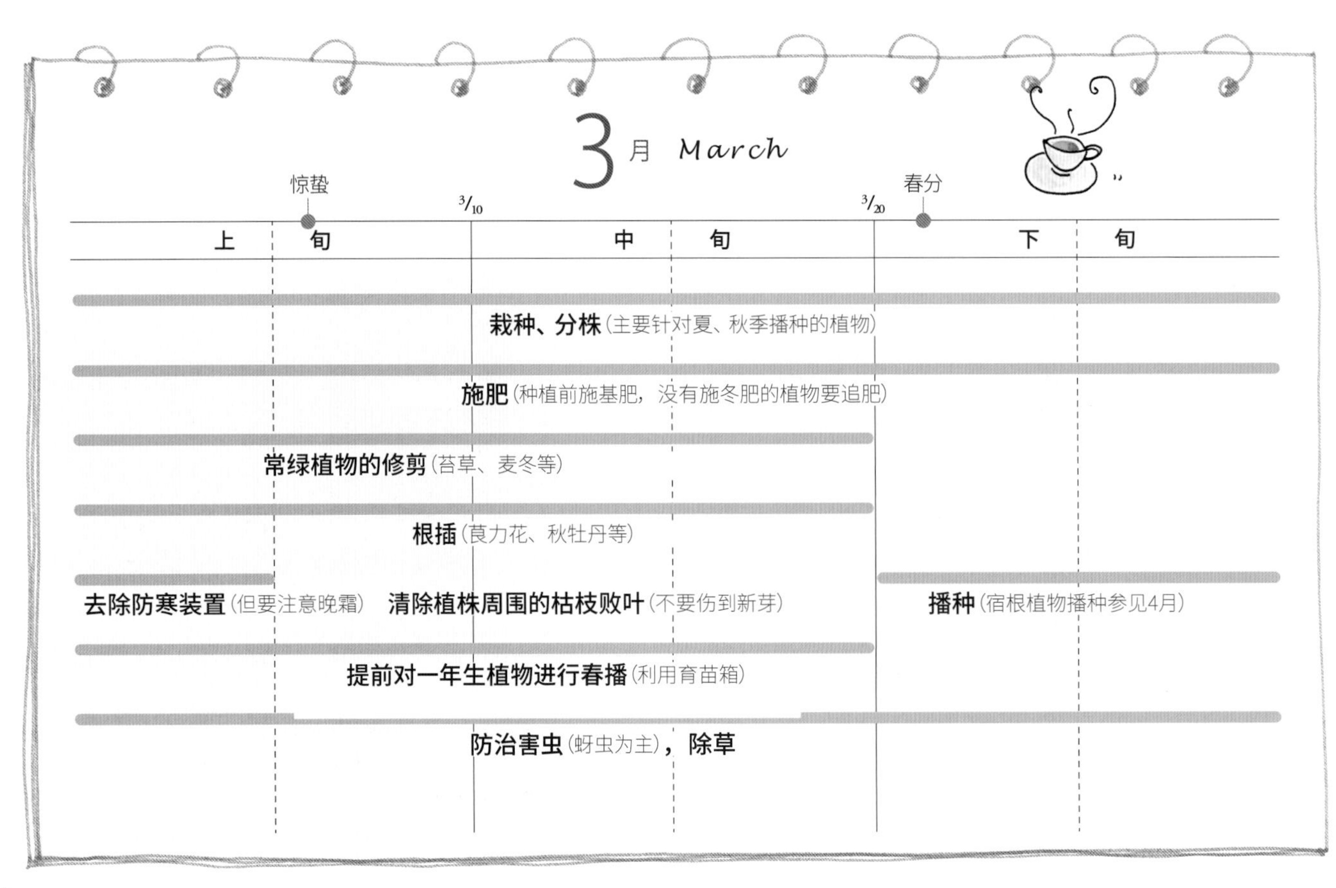

圣诞玫瑰周围可以看到很多散落的种苗在发芽。

从地面修剪苔草等观赏草类。修剪后一个月左右就可以看到新芽茁壮成长。

在盆栽苗四周放置缓释型化学肥料。

对应晚霜的无纺布，在预计会有寒潮的前几天，用无纺布覆盖植物。

注意关注寒潮的天气预报，做好相应的对策工作。例如，在傍晚用无纺布覆盖小苗，并用砖头压好四周以免被风吹走，用双层无纺布覆盖更加安心。

施肥

多数植物已进入生长期，只有那些芽头继续膨大的植物和希望夏季枝叶繁茂的品种，才需要进行施肥。而对春季开花、已经长出花蕾的植物施肥，则可能会导致花茎倒伏，要适当减少用量。秋季种植的球根植物在花蕾冒出到开花期间也不需要施肥，等到花期结束后再给予花后追肥，肥料使用化肥（N：P：K=8：8：8）即可。

常绿品种的修剪

冬季期间一直保持绿色的常绿植物叶片开始褪色，有些还会出现污痕。4月后新叶会蓬勃生长，尽早将老叶修剪干净，新叶会长得更旺盛，植株也会更加整洁。薹草和麦冬等观赏草类直接修剪到地面即可。

提前对一年生植物进行春播

利用温暖的窗台或是育苗箱，可以提前对一年生植物进行春播。小苗会提早发芽，长到4月就可下地种植，可以很快看到花朵。发芽之前尽量保温、保湿，发芽后则要注意防止徒长和弱苗，经常通风换气。在寒冷地区，还可以进行推迟秋播植物的播种（播种方法参见136页）。

电子保温的育苗箱，适合草花和蔬菜的提前播种。

大丽花的催芽

大丽花不适应夏季的炎热，夏季高温的时候花会褪色，生长也迟缓。在温暖的窗台催芽后，4月栽种到户外，就可以在梅雨季到来前开花。

在浅容器里放入蛭石或赤玉土等，放上球根，让它发根发芽，等到晚霜彻底结束后再种植到花园或花盆里。夏季修剪后，大丽花在秋季可以再度开花。

在育苗箱里横放的大丽花球根，正在催芽中。新芽萌发后移栽。

在花园里经常可以看到散落的宿根植物种子发芽，上图是金光菊植株周围发芽的幼苗。

根插

有的宿根植物会从根部发出不定芽，在早春把根部切成段横放，可以根插繁殖。根插必须在气温较低的时候进行。晚秋到早春都是适合根插的时期，莨力花、蓝刺头会从切口部分发芽，而秋牡丹、大花月见草根部的任何地方都可以发芽。把切成3~5cm根横放在浅花盆里，稍稍浅埋即可。

*不定芽：从没有生长点的地方冒出的新芽。

水生植物的分株

睡莲、荷花等水生植物，和一般的宿根植物一样可以在这段时期进行栽植和分株。如果芽太多、土壤过旧，则会开花不良，种植时要在土里放上缓释型固体肥料。

病虫害

天气变暖后，除了植物，各种昆虫和菌类也开始活跃起来。及早发现、预防和治理病虫害非常重要，等到蔓延后再治理就会耗费大量人力和物力。同时，昆虫、菌类和土壤中的微生物中有很多是有益的，这种多样性可以减少病虫害的发生。因此，我们更应该尽可能少地使用杀虫剂和杀菌剂，以免误伤这些有益的生物。

盆栽植物的管理

为了防寒而埋在土壤里的花盆已经可以挖出来了，埋在锯末和落叶里防寒的花盆也可以取出来，放在花架上或在阴处休眠的落叶宿根植物盆栽也需要搬到向阳处，以促进新芽生长。一般是新芽和新叶从土表冒出来的时候再移出盆栽，也可以参考周围的树木、杂草和野草的生长状态。如果过晚将盆栽宿根植物移出，新芽就会长成细弱的幼苗。植物开始生长后，会吸收水分和养分，这时还要注意防止土壤干燥，充分浇水，需要时还要施肥。

使用小粒赤玉土4份，小粒鹿沼土3份，腐叶土3份的种植土：混合土壤。

挖出莨力花的植株，把混土放到浅花盆里。

从距离根头20cm的地方开始剪下一段直径0.5~1cm的根部。

莨力花的根插

莨力花除了分株繁殖以外，还可以通过根插来繁殖。春季剪下根部横放，保持水分充足，初夏就会发出新芽来。出芽后放在日照良好的地方，当细根充分生长、叶片也展开数片后，再进行移植。

把剪下的根部切成7~8cm的小段。

在土表横放这些根段，覆盖1cm左右的土，充分浇水。

根插2~3个月后，叶片开始展开。

叶子上有白斑的莨力花‘塔斯马尼亚大使’。

制作小型石槽花园

石槽本来是用于饲养动物的，在欧美被用于山野草的栽培后，也就开始流行作为栽培容器使用了。在这种富有情调的浅容器里放上适合山野草的种植土，再组合种植上小型的山野草，就可以成为常年欣赏的花园小品了。

选苗及组合方法

从喜好相同日照条件的植物中，根据花器的形状和组合配置来挑选适当的植物。株形蓬松、繁茂的植物，成垫状蔓延冒出盆边的植物，都很适合在石槽中种植，从这些小型品种选出合适的栽培对象来巧妙组合吧。

需要准备的用品

石槽/口径45cm×高14cm

种植土：等量小粒鹿沼土和小粒轻石的混合土

轻石

鹿沼土

植物

1 紫叶老鹳草
2 薹草‘雪线’
3 牻牛儿苗
4 冲绳菊
5 科西嘉薄荷
6 报春猴面花
7 三叶龙胆

用铁丝网片盖上盆底排水孔，往盆里加入一半左右的种植土。

将准备好的花苗放入盆中，观察配置。

种植后的管理

在适合的日照条件下和盆栽植物一样管理，几乎不需要肥料。当植株生长明显不良时，在春季或秋季加入少许缓释肥。如果生长特别旺盛则要间苗控制。

根系盘根了就稍微揉松，长根可以剪掉1/3左右。

栽培时注意让中央稍微高出一些。在花苗的根团间填入土壤。

种植结束，中间隆起像个山丘。充分浇水。

分株

所谓分株就是把一株植株分割成若干株，是最常见的植株更新、繁殖的方法之一。不同品种，植株的增殖方法不同，分株的方法也有差异。

Ⓐ 从生型 →切割植株

植株伸展出极短的地下茎，在地下茎上生发新芽，长成直立丛生状。这类植物经过5~7年后，周围的幼嫩芽丛健康茁壮，中间的老芽逐渐枯萎，生长衰退。丛生型宿根植物一般不宜分割得过小，以三四芽为一丛分割为宜。有肥大的地下块根的品种宜选择带芽头的部位分割。

例/圣诞玫瑰（参见149页）

桔梗、荷包牡丹（上图）、芍药等在块根上方带有芽头的植株，使用剪刀将块根剪开。

地下部分肥大的块根植物，应用剪刀将块根剪开以后分株。

各类宿根植物的增殖方法

Ⓐ 丛生型

茛力花、百子莲、紫菀类、落新妇、星芹、芙蓉葵、菖蒲类、斗篷草、松果菊、东方罂粟、耧斗菜、山桃草、唐松草类、新风轮菜、桔梗、玉簪、黄山梅、珍珠升麻、圣诞玫瑰、荷包牡丹、芍药、滨菊、蝇子草、缬草、紫露草、蛇鞭菊、猫薄荷、矾根、报春、假龙头、福禄考、萱草、钓钟柳、大戟、婆婆纳、赛菊芋、堆心菊、蓝刺头、剪秋罗、金光菊、半边莲等。

Ⓑ 通过子株繁殖

筋骨草、香堇菜、虎耳草、毛茛、野草莓等。

虎耳草。

Ⓒ 通过匍匐茎繁殖

欧活血丹、丛生福禄考、姬岩垂草、头花蓼、野芝麻、珍珠菜等。

Ⓓ 通过地下茎繁殖

血红老鹳草、玉竹、六出花、风铃草、菊花类、花叶鱼腥草、金鸡菊、一部分鼠尾草、秋牡丹、铃兰、黄芩、一枝黄花、假龙头花、波顿菊、橙香薄荷、大花月见草、泽兰等。

大花月见草。

彩叶鱼腥草。

Ⓔ 通过假球茎和根茎繁殖

虾脊兰、德国鸢尾、白芨等。

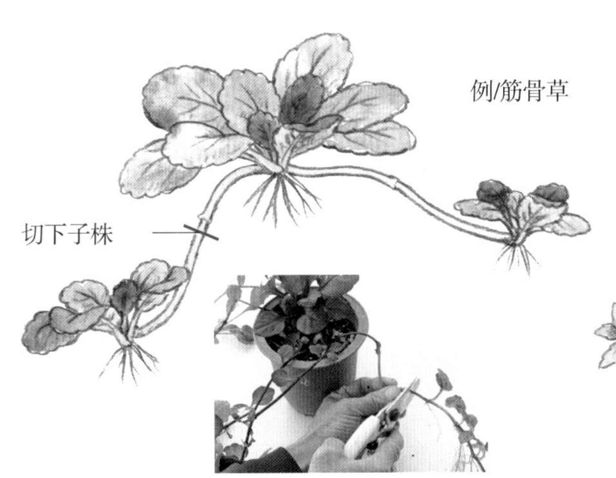

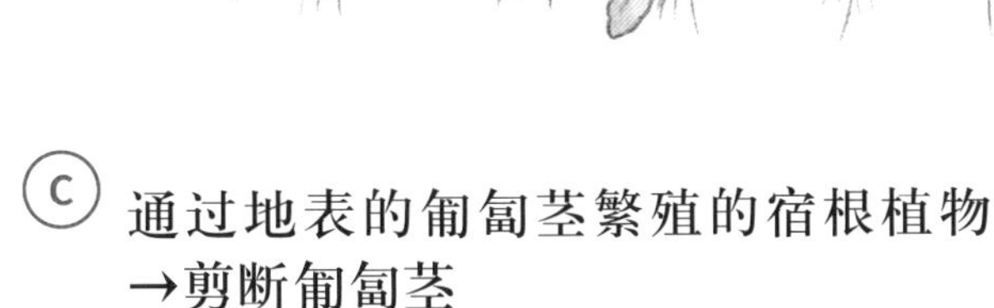

B 通过子株繁殖的宿根植物→切下子株

筋骨草和野草莓这类植物，会在地面上长出细长的走茎，顶端长出小的莲座状子株，子株底部生有细根。把这种已经生根的子株剪下来就可以繁殖。

*走茎：从植株基部生出的侧枝，匍匐蔓延，顶端生有莲座状子株。

C 通过地表的匍匐茎繁殖的宿根植物→剪断匍匐茎

这类植物在地表伸展匍匐茎，从每个节处发根。将已经发根的茎剪成10cm左右的小段，重新栽种。有些没有生根的茎节剪下后按照扦插的要领管理也可生根。

*匍匐茎：从主茎上萌发的侧枝，节上能生成不定根和芽。

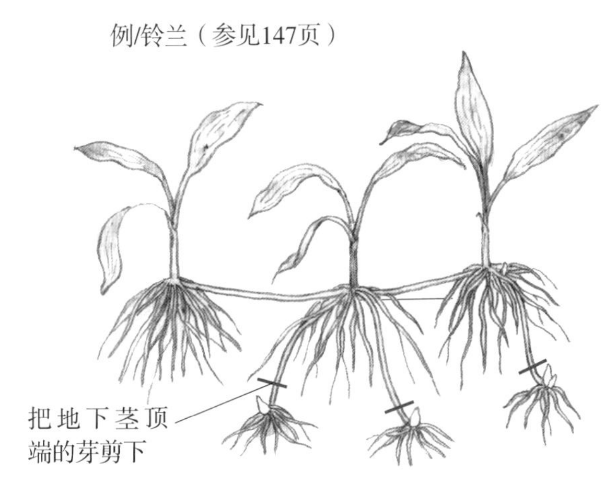

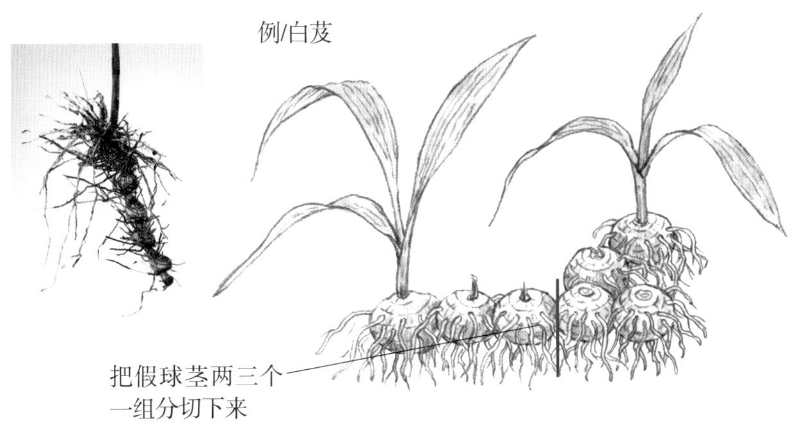

D 通过地下茎蔓延繁殖的宿根植物→分割地下茎

植株除了在基部生发新芽，还会生长出地下茎，地下茎的每个茎节会生发小植株和根。这类宿根植物生长旺盛，如果不经常分株，有时会过分拥挤。

E 通过假球茎、根茎繁殖的种类→分切假球茎和根茎

这类植物通过肥大的根茎和假球茎来增殖。德国鸢尾等鸢尾类植物当年开过花的根茎来年就不会再开花，所以要切除掉，分切下新长出的带根块茎种植。栽种时要观察好芽的生长方向，将芽朝上种植。虾脊兰和白芨则应选择带有新芽的假球茎，3个为一组分切后种植。

老鹳草的分株

下面介绍宿根植物花园里人气很高的老鹳草的分株方法。

老鹳草分成在植株基部生发新芽而丛生的种类（黑花老鹳草等）、在地下茎上生发不定芽的种类（血红老鹳草）以及茎贴地蔓延，在近地面处生根的种类（粗根老鹳草）。分株的基本方法都是先去除旧土，从容易分割的地方下手，三四芽为一丛来进行分株。

黑花老鹳草。

丛生的黑花老鹳草

从花盆里拔出花苗，可以看到细根很多，密集地缠结在一起。

从根团的上部开始把根团弄碎，即使弄断细根也不要紧。

去除旧土后，按三四芽为一丛向左右两侧拉扯分开。

分成了三丛。

老鹳草不同品种的增殖方法

丛生型　黑花老鹳草、草原老鹳草、‘强生蓝’、‘克拉克女士’等多数老鹳草都属于此类。

生发不定芽型　血红老鹳草，可以根插繁殖。

茎直立型　剑桥老鹳草及其园艺品种、达玛提老鹳草、粗根老鹳草，也可以扦插繁殖。

中心点不明型　‘斯特法尼’、紫叶老鹳草、斑点老鹳草、‘雷纳蒂’等。

紫叶老鹳草

‘雷纳蒂’

春季分株的主要宿根植物

春季分株主要是针对初夏到秋季开花的植物。春季开花的宿根植物此时地下部分已经开始活动，有的已经形成花蕾，在春季分株就会伤害到根系和植株。初夏到秋季开花的品种会在春季发芽，一边生长一边着生花芽，在春季分株不会对生长造成影响。

百子莲、玉簪、婆婆纳、宿根紫菀（荷兰菊）、福禄考、萱草、赛菊芋、堆心菊、橙香薄荷等。

萱草

赛菊芋

橙香薄荷

生发不定芽的血红老鹳草

从花盆里倒出花苗，去除旧土，露出粗而长的根系。

分散开根系后看到根连在一起。

四五芽为一块，剪切开。

血红老鹳草的白花品种。

直立型的粗根老鹳草

从茎的基部长出根来。

把老茎带根掰下。

分成3株。

粗根老鹳草。

*栽种时要注意把向上生长的茎干部分埋在土里。

‘斯特法尼’

中心点不明的类型

植株向四周伸展，中心点不明的类型，大多数都有粗大的根茎连接。在分开根茎的时候使用剪刀会造成创面过大，直接用手掰开更好。

根茎连接在一起。

用手掰开。

盆栽的‘斯特法尼’

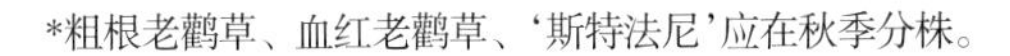

*粗根老鹳草、血红老鹳草、‘斯特法尼’应在秋季分株。

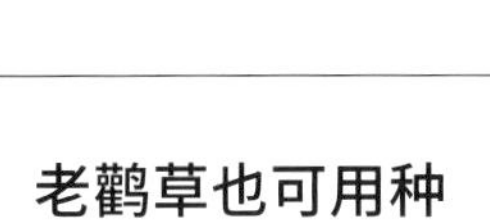

老鹳草也可用种子繁殖

老鹳草中有很多品种可以用种子繁殖，不妨收取种子后播种来看看。种子如下图所示是很有特点的尖喙形，成熟后分成5粒，然后四散飞落。在散落前收集种子，立刻播种（播种方法参见136页）。

老鹳草的种子。

4月
12个月的花园工作

圣诞玫瑰已经过了盛花期，晚春到初夏开花的宿根植物明显长大。左前方是野生的紫花野芝麻，与花坛植物和谐共存。

剪除圣诞玫瑰的花茎，从花朵褪色的茎干开始剪除。

本月的宿根植物本月的宿根植物

樱花盛开，终于拉开了春季舞台的大幕。从生福禄考和郁金香开始绽放，花坛里变得热闹纷呈。早春开花的小型山野草逐渐转换成中型的品种，一个接一个地绽开花苞。比起3月，植物的生长速度明显加快，夏季到秋季开花的品种也开始发芽，每天都在长大，常绿品种也展开了新叶，替换掉过去的老叶片。

主要管理工作

栽种、分株

适合栽种盆栽苗，和3月一样，发根迅速，此后的生长也很好。注意避免干燥，充分浇水。夏季到秋季开花的宿根植物，可以继续分株。而春季开花的品种，由于有可能伤到花和蕾，除了部分品种，一般都不再进行操作。（参见126页）

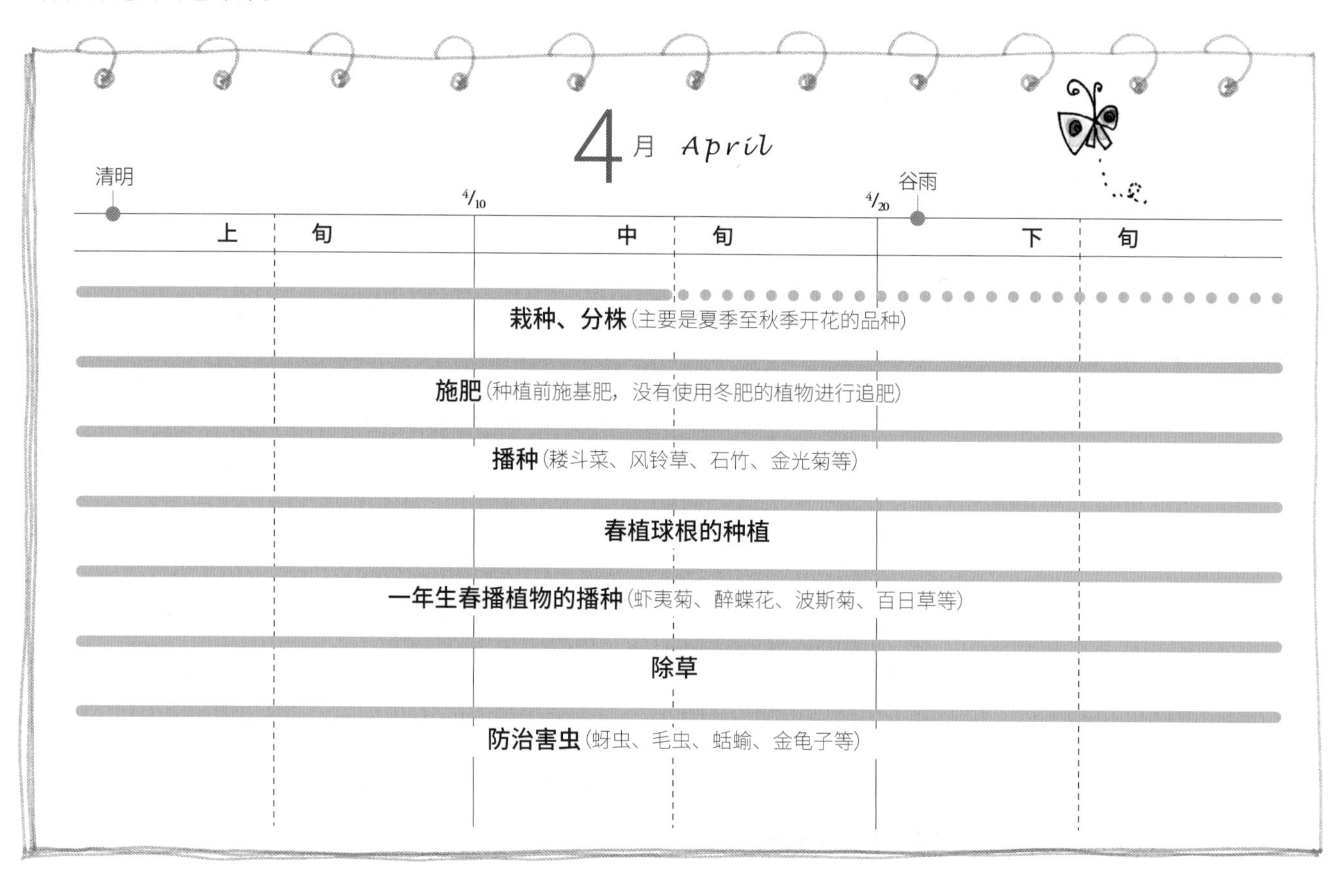

播种

4月，大多数一年生植物可以开始播种，二年生植物和宿根植物也可以播种。利用花盆、育苗钵和育苗箱播种后，放在温暖、淋不到雨的地方，保持土壤湿润，细心管理。在种子发芽前，可用湿润的报纸或无纺布覆盖在种子上（播种方法参见136页）。

春植球根的种植

唐菖蒲等春植球根开始栽种，百合类在春秋两季都可以栽种。一季开花的品种可以稍微错开一些种植时间，延长开花期，就能够在花坛长期欣赏到花朵开放的情景。而大丽花这种不是很容易看出芽头的块根，应该先放在花盆或育苗箱里催芽，等到发芽后再定植比较保险。

(上)姜黄的球根。
(下)唐菖蒲的球根。

盆栽的管理

这段时间是盆栽植物从发芽到旺盛生长的关键时刻，要保持良好日照，防止植物徒长，避免开花期倒伏，保证良好的株形和开花量。

林荫银莲花、侧金盏花等早春开花的植物进入植株的充实期，到休眠前的这段短短时光，是它们给地下部分储存营养的重要时间。除了保证充分的日照外，盆土一旦干燥就要浇水，并喷施速效性的液体肥。

病虫害

以蚜虫为首的各种害虫的幼虫在4月都孵化出来，活动也日益频繁。像夜蛾幼虫这样白天藏在土中或花盆底，夜间出来咬噬叶片的虫子，要仔细观察，及时驱除。昆虫中也有益虫，不要随意喷洒杀虫剂，发现虫子后有针对性地集中喷洒，效果更佳。灰霉病等病害可以通过改善通风并及时摘除残花来预防，反之，如果放置残花不管，被雨淋后就会爆发灰霉病。

被螽斯咬坏的早花铁线莲。

毛地黄花芽上生长的蚜虫。

应该拔掉的杂草和不用拔掉的杂草

4月也是杂草旺盛生长的时间。其实杂草的分类是不明确的。一些茂密丛生或者会影响花园植物生长的杂草应该尽早拔除。自然生长的野草中也有一部分不会妨碍花坛植物生长，还有些花朵具有观赏性，这类杂草可以留下，甚至作为花园的一员来运用。

可以和花坛植物共存的杂草

阿拉伯婆婆纳、百脉根、长荚罂粟、紫花地丁、紫花野芝麻、姬小盼草、宝盖草、北美独行菜、西欧蝇子草、蝇子草、刻叶紫堇等。

必须拔除的杂草

苏门白酒草、酢浆草、问荆、加拿大一枝黄花、鱼腥草、春一年蓬、小酸模、乌蔹莓。

宝盖草。

刻叶紫堇。

通过地下茎繁殖的禾本科多年生杂草，一旦发现就要立刻拔除。

阿拉伯婆婆纳。

长萼罂粟。

花形奔放的盆栽大丽花‘黑蝶’。

欣赏春植球根

4月是栽种春植球根的时节，春植球根多彩的花色让花园缤纷绚丽。以下介绍主要的春植球根栽种方法。

球根的选择方法 球根的形状多种多样，仔细观察发芽、发根的部位，看看有没有霉变或是伤口，选择健康的球根。

种植土和花盆 盆栽时的种植土除了草花专用培养土，也可以选择小粒赤玉土7份、腐叶土3份的混合土，或者赤玉土小粒4份、鹿沼土小粒3份、腐叶土3份的混合土。不同的球根种类，使用的花盆大小也不同。

基肥 使用缓释型化肥（N：P：K=8：8：8），盆栽时浅埋在花盆边缘。

栽种的深度和间隔 种植深度约为球根高度的2~3倍，间隔为球根直径的2倍。球根植物的株形和姿态会有变化，栽种时注意不要把球根上下颠倒。

盆栽 例/大丽花

把大丽花种植到10号花盆。

大丽花在分球的时候，一定会带有一个叫作根冠的茎的部分。

需要准备的用品

种植土、花盆（大花型，花盆选用8~10号）、大丽花球根。

填入花盆一半深度的种植土，把芽的部分放到花盆正中心。

盖上种植土，以覆土5cm为标准。

在即将出芽的部位设置支柱。

放置缓释型肥料（直径1cm的颗粒肥料放10粒左右）。

*栽种后立刻浇水，放置在向阳处，盆土表面干燥后浇水。

球根的种类和花盆的大小

风雨兰

5号盆种10球，球根的颈部得见为止覆土。

姜荷花

5号盆种1球，覆土3~5cm。

马蹄莲

5~6号盆种3球，覆土一个球根的高度。

嘉兰

8号盆种3球，覆土2~5cm，并设置圆柱形支架。

花园种植 例/唐菖蒲

把唐菖蒲种植到花坛的一角，在预定栽培的地点混入腐叶土。为了防止其他植物侵入，应事先用波形板圈出隔离带。

放置适量缓释型化肥作为基肥。

用铁锹拌匀肥料和土。

种后45天，开始开花。

每隔10cm左右均匀摆放好球根。

挖掘相当于球根3倍深度的小孔，种植。

种好后立刻浇水，也可以次日浇水。

种好后20天，茁壮生长的样子。

推荐的春植球根

凤梨百合
株高30~60cm，花期夏季到初秋，花序的形状像菠萝。

紫娇花
株高40~50cm，不同品种开花期不同，花色有白色和粉红色。

风雨兰
株高20~30cm，秋季开花，花色有白色、粉色、红色、黄色、大红色等。

姜荷花
株高20~60cm，夏季到秋季开花，花色有深粉色、红色、白色等。

马蹄莲
株高30~90cm，初夏开花，有的品种是湿生植物，花坛里更适合种旱生品种。

嘉兰
株高100cm以上，蔓生，夏季到秋季开花，花色有红色、黄色、粉色等。

夏风信子
株高100cm，夏季开花，有香味。

5月

12个月的花园工作

本月的宿根植物

继4月之后，5月的新叶生长更加蓬勃，处处都展现出明亮的绿色，水润、清新的新绿季节到来了！这个季节里开花的宿根植物非常多，各种品种争奇斗艳，花色、花形丰富多彩，让人目不暇接。白天变长，长日照性的植物迅速分化花芽，短日照性的植物则茎叶茂密，旺盛生长。

印度伞花（*Darmera peltata*）。

主要的管理工作

用小树枝支撑松果菊，简单而自然。

摘心

摘心是摘除植物生长中的茎干顶端，促进侧芽生长的方法。有些夏季到秋季开花的宿根植物株高较高，如果希望植物矮些，同时增加枝条数量，让株形更加丰满，就需要摘心。特别是对黄花龙牙、山桃草、赛菊芋等茎干较长的品种来说，摘心的效果显著。一年生草花也常常采用摘心来降低株高，保持蓬松株形。

牵引、设立支柱

铁线莲、春植球根里的嘉兰等藤本植物以及在初夏开花的高桃品种每天都在长高，要及时牵引，或者设置支柱支撑。宿根植物可以通过各种方法培育坚挺、矮壮的植株，不用支柱也可以自然直立。

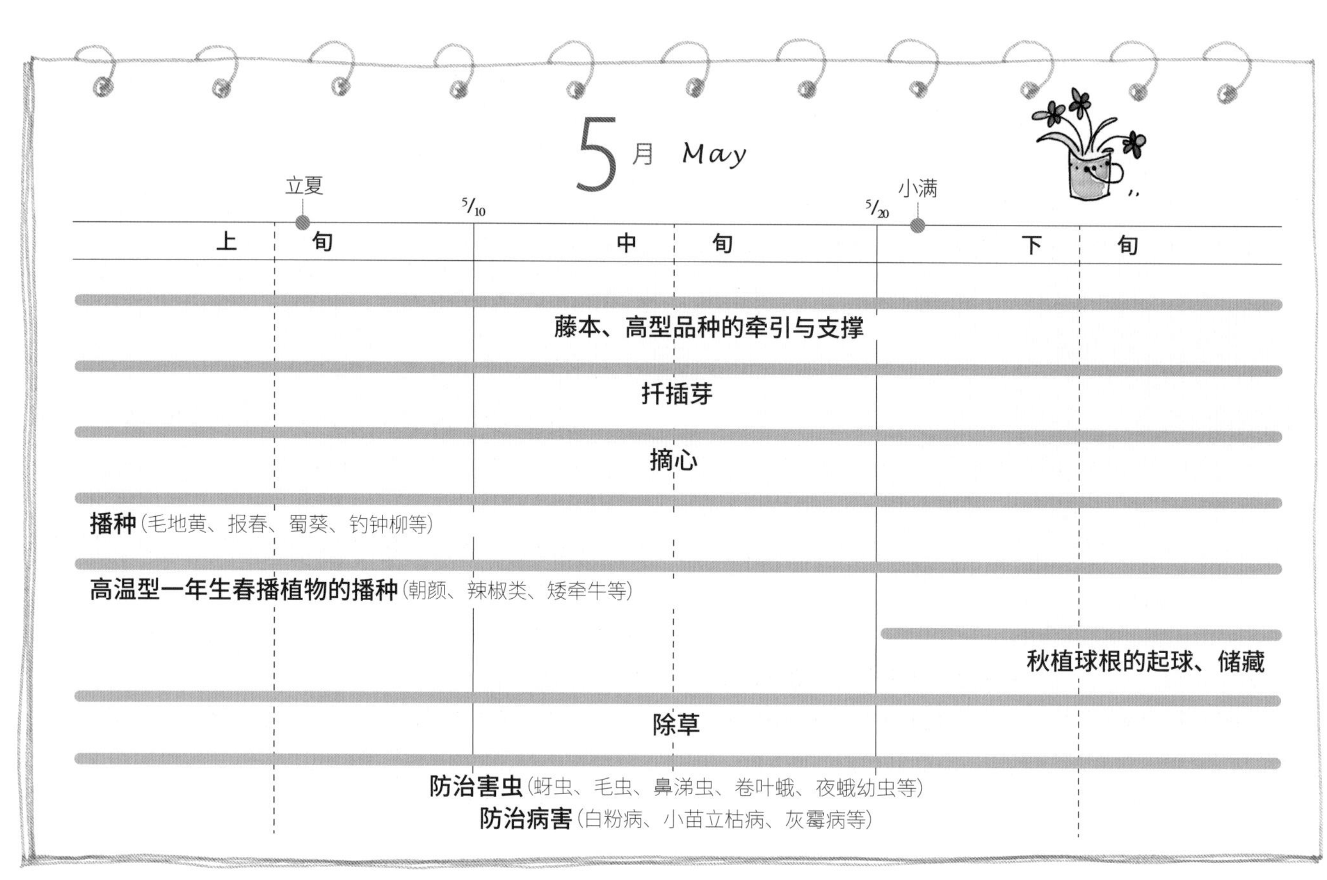

播种

报春花、耧斗菜、风铃草、老鹳草、毛地黄等宿根植物从播种到开花都需要一年的时间，5月是这些宿根植物的播种时间。毛地黄和风铃草的种子非常细小，在泥炭板上播种较为适宜（参见136页）。

老鹳草‘强生蓝’的花茎需要全部剪掉。

摘除残花

花谢后，应该尽早把残花剪除干净。落新妇只剪除花穗，花茎上还能再发出侧芽，这类植物剪到花茎的1/2左右即可，而那些不能再发侧芽的品种则剪到基部（参见139页）。

盆栽的管理

这段时间是盆栽宿根草植物生育旺盛的时期。5月，日照良好，盆土表面干燥后应及时浇水，随着浇水频率增加，肥料的流失也增多，因此，要定期补充液体肥，防止缺肥。

圆锥福禄考的白粉病，种植在通风向阳处症状会减轻。

萱草上的蚜虫几乎不可避免，应该在出现的时候立刻喷药驱除。

有效减少病虫害

进入5月之后，昆虫的活动也变得活跃。6月以后直到梅雨季结束，都是病虫害最严重的时期，虫害有蚜虫、夜蛾幼虫、黄地老虎、根瘤线虫等，病害有白粉病、灰霉病、软腐病等，可以说5月后的病虫害是多到说也说不完。

这段时期植物茎叶茂盛，花朵繁多，植株的通风恶化，病虫害的危害更加严重，要及时摘除残花（如果放任不管，淋雨后就会发生灰霉病）。修剪、间苗等措施可以改善通风，有效防止病害蔓延。等到出梅后气温上升到30℃以上，病菌的活动会减少。

耧斗菜上的夜蛾幼虫，发现了应立即捕杀。

危害油点草的夜蛾幼虫，发现应立即捕杀。

病虫害的防治措施

1.打造混植花坛

在有多种植物生长的混植花坛里，不会集中发生一种单独的病虫害，即使发生了，危害也较小。种植时要注意让植物适才适用，不要过多施肥，避免植物徒长、孱弱，对病害的抵抗力下降。

2.和芳香植物混植

和芳香植物混植，由于害虫会回避有香气的植物，能有效减少病虫害。例如种植万寿菊后线虫会减少，茴香、虾夷葱可以驱除蚜虫，韭菜、紫娇花和薄荷也有驱虫的效果。

3.修剪、回剪

过分繁茂的花坛很容易引起病害，这时可以修剪和回剪（参见139页）来减少叶片的数量。

4.种植抵抗力强的品种

有些品种对于特定疾病的抵抗力很强，例如有些专门对抗白粉病的品种：圆锥福禄考‘胡椒薄荷’、‘尼基’、卡罗莱纳福禄考‘比尔·贝克’、白花橙香薄荷等等。

5.及早发现，及时预防

一旦发现病虫害，应在蔓延前尽早驱除，这样可以减少药剂的使用量。有些体型大的害虫尽可能手工捕杀，范围过大时再使用药剂。

播种

播种是花园里格外有乐趣的一种工作。

有些品种很难开出和亲本一样的花，意想不到的变异令人惊喜。

首先，自己采集种子来播种吧。

各种各样的种子

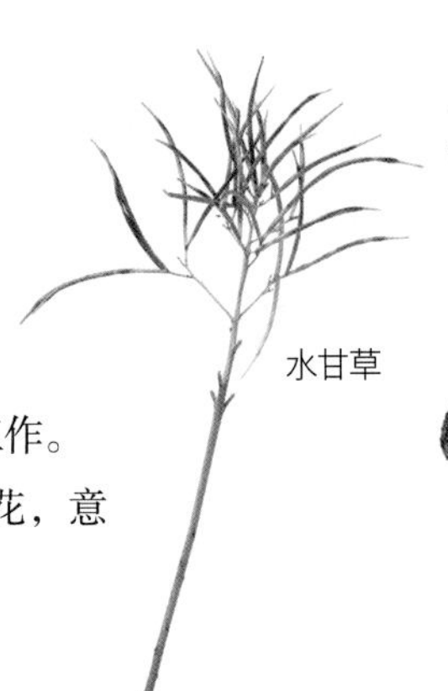

水甘草

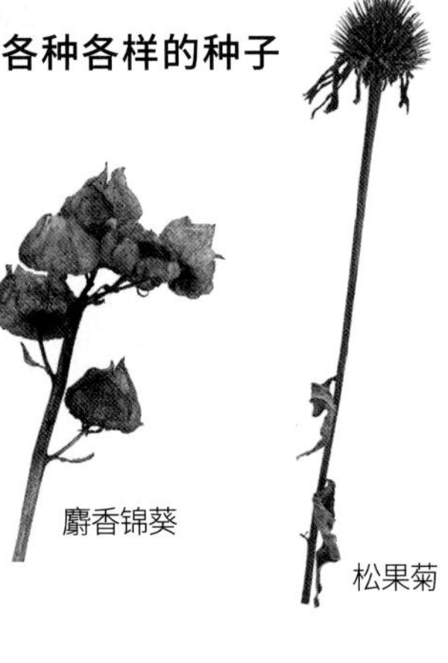

麝香锦葵

松果菊

射干

播种时间很重要

种子发芽时，适宜的水分和温度都不可或缺。发芽的适宜温度因植物不同而有所不同，大部分种子在15~20℃左右发芽，所以春秋季是播种的好时机。

种子的大小和形状各不相同，有长着羽毛般绵毛可以随风飞翔的，也有像纸一样平而薄的，还有细小如灰尘的种子。比较大的种子可以用播种基质播种，细小的种子用泥炭板较为简便。

种子发芽的光照条件

多数种子的发芽与光照没有关系，水分和温度适宜就可以发芽，但是也有必须要光照才能发芽的喜光性种子和必须在黑暗中才能发芽的厌光性种子。风铃草、金鱼草、彩叶草、报春、矮牵牛属于喜光性种子，而香豌豆、仙客来、黑种草则属于厌光性种子。

宿根植物中有很多即采即播的种类

收取种子后，一般都是充分干燥后放入密封容器，再放入冰箱里保存。有些种子的寿命较短，推荐即采即播，也就是收取后立刻播种，这样会大幅提高发芽率。

即采即播的品种

伞形科的星芹、飞蓬、茴芹、黑叶三叶草。毛茛科的银莲花属、白头翁、铁线莲、金莲花等。

播种后的管理

播种后的管理主要是保持基质湿润，发芽后给予充足日照，防止徒长。但基质也不可过湿，稍微干燥些，小苗的发根效果会比较好。

1 野胡萝卜的种子。

2 风铃草。种子细小，宜在泥炭板播种。

3 风铃草、毛地黄等的种子细小，适合在泥炭板上浇水后播种，不用覆土。

4 在泥炭板上播种的毛地黄。

播种案例 1

例/马利筋

种子较大，容易播种，即采即播。

准备种子和种植土，在浅花盆里放入底石，加入种植土。

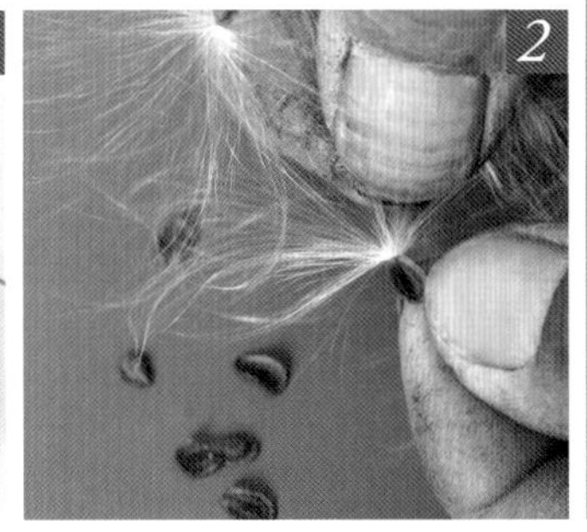

把种子上像羽毛一样的绵毛去掉。

马利筋的种子。

用厚纸托着种子，一粒一粒撒到种植土中。

注意种子不要重叠。

覆土至刚好盖住种子。

用水壶浇水。

*种子细小的情况下采用底部吸水。

播种案例 2

例/维吉尼亚银莲花

把绵毛包裹的种子打散后播种。

种子好像被绵毛包裹的绒球。

在湿润的用土上，把种子打散薄薄铺开。之后稍微覆土，刚好盖住种子，大约10日后发芽。

在塑料育苗钵里发芽的维吉尼亚银莲花，播种后大约1个月。

发芽后2个月（分株上盆后1个月）。

播种案例 3

例/兔尾草

整个花穗播种的特殊案例。

兔尾草的种子。

种子横放，用土盖住一半，之后浇水。

10天后发芽，用这样培育方法的小苗，每株长发芽都会结出花穗，而且花穗大小不同，别有情趣。

6月

12个月的花园工作

本月的宿根草

气温上升，湿度也增加，6月是一年中白昼最长的月份。入梅后雨水增多，高大的大型宿根植物开始开花，气势十足的种类众多，花坛整体华美动人，生长繁茂，几乎看不到地面。秋植的球根和早春开花的小型山野草地上部分枯萎，进入休眠。

把风铃草的花茎剪掉1/2，会生发侧芽再度开花。

主要的管理工作

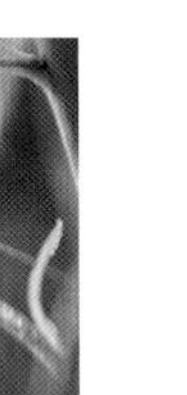

蜕皮后的蝈蝈。

回剪、强剪

回剪是在花后把花茎从中间剪断，很多穗状花都需要通过回剪来清理残花。初夏开始开花的品种在盛花期过后回剪，可以促进生发侧芽，再度开花。

强剪是针对株高过高、株形散乱的品种，在适宜的高度进行大幅修剪。山桃草这类在长长的花茎上开花植物，过分繁茂则显得难看，这时可以剪到较低的位置来重新造型。

从生的宿根植物如果一半一半地错开时间修剪，就可以一直有花开放。宿根紫菀这类夏季到秋季开花的品种在贴近地面处修剪，可以保证植株在秋季开花时的株形矮壮、丰满。

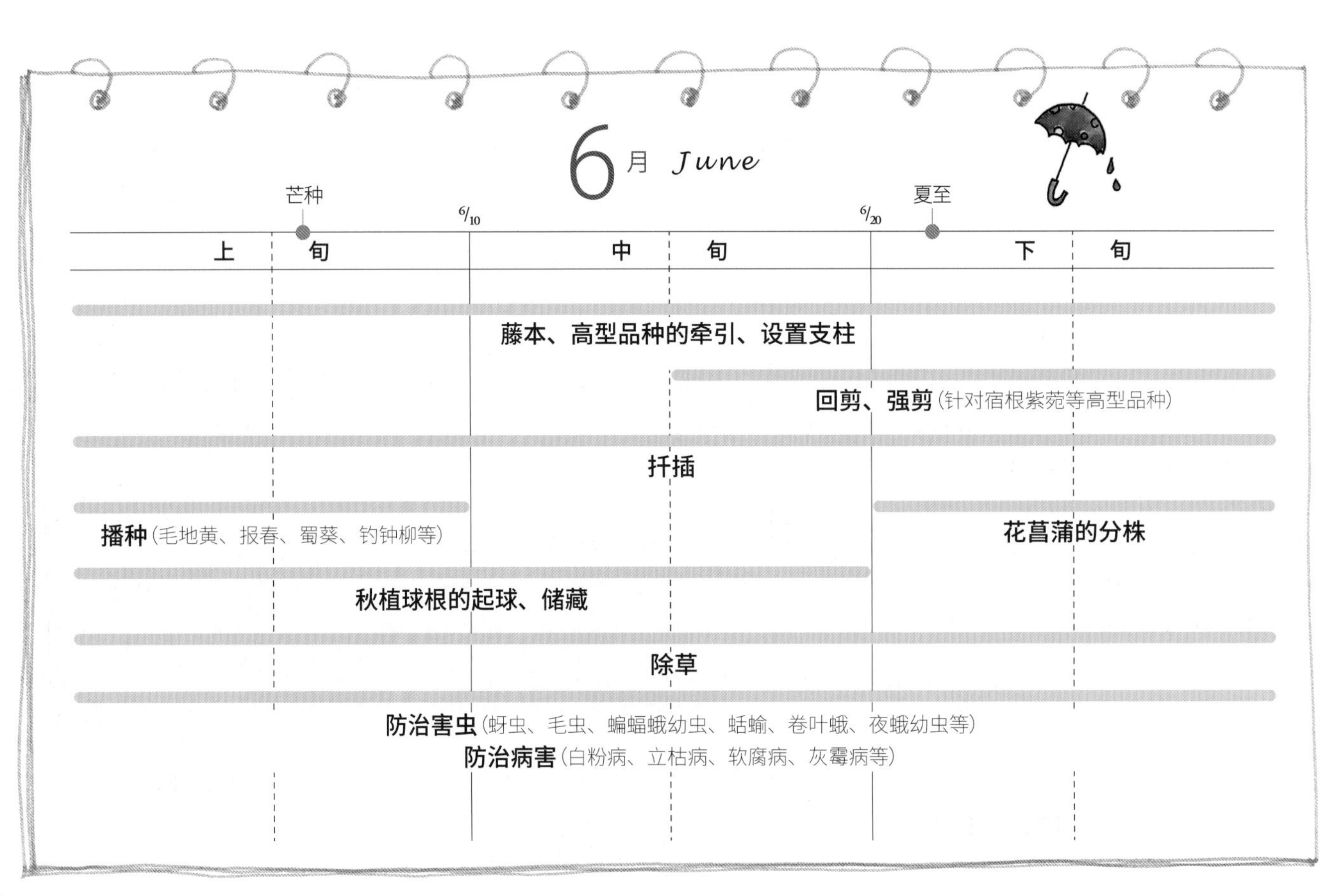

扦插

初夏是最适合扦插的时期。很多宿根植物都可以扦插繁殖，利用健康的幼嫩芽、茎，按照140页的要领扦插即可。这时还正好可以活用回剪和强剪下来的枝条。

秋植球根的起球

郁金香、风信子等秋植球根的叶片变黄后，选择天气好的日子挖出球根。起球后将球根放在阴凉处干燥，去掉土块、老根、枯萎的茎叶，装入网袋挂在通风良好的阴处保存。猪牙花、贝母、雪滴花等球根不喜欢干燥储藏，不用起球。

各种植物清除残花的方法

例/ 婆婆纳'蓝泉'

只剪掉开过花的花穗，大约剪掉1/2。这时可以利用幼枝扦插。

盆栽的管理

进入梅雨季后，要把不耐高、温高湿的品种移到屋檐下等淋不到雨的地方。梅雨期间一般很少浇水，但有时植物茂盛的枝叶会阻碍雨水淋到土里，即使将盆栽放在露天，盆土也可能在雨中干透。因此，要时常确认盆土状况，及时浇水。梅雨结束后就立刻进入高温期，这时花盆土中残留的有固体肥料就会烧根，所以梅雨期间的施肥以液体肥为主。

*关于病虫害的防治参见135页。

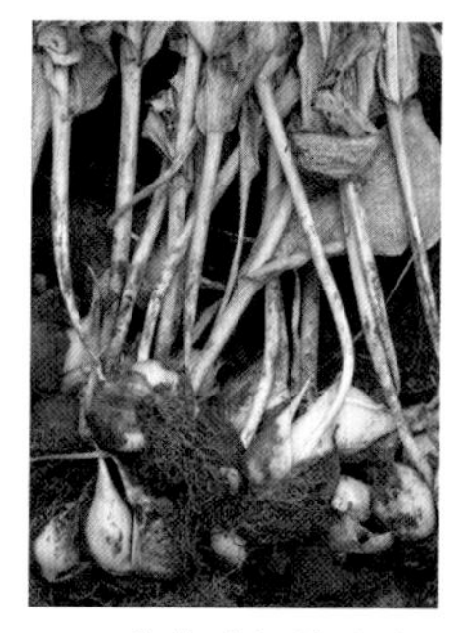

秋植球根的叶片变黄后即可起球，图中是郁金香。

例/ 紫露草

开花结束后在花茎的分枝部位剪除，花季过后，从地面折断花茎会再次发出新芽。

可以进行这样的工作

强剪

例/荷兰菊

1 用树篱剪从离地5~10cm的位置修剪。

2 修剪后的样子。

3 修剪大约1个月后。

修剪后的植株在低矮的位置开花。

4

可以强剪的植物

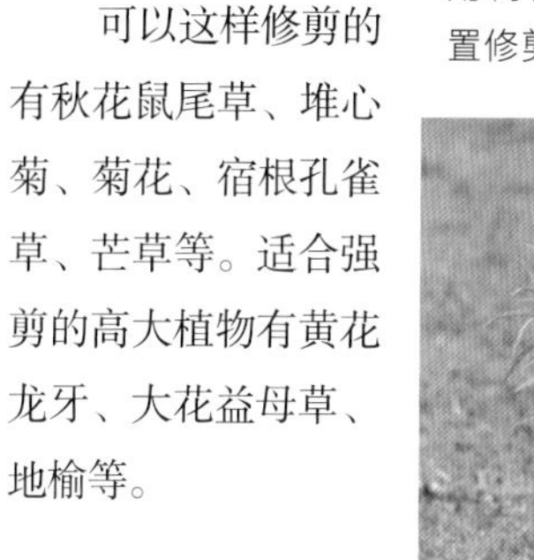

可以这样修剪的有秋花鼠尾草、堆心菊、菊花、宿根孔雀草、芒草等。适合强剪的高大植物有黄花龙牙、大花益母草、地榆等。

例/ 赛菊芋

在有侧芽的地方剪断。

例/ 黑花老鹳草

把株高剪到剩下1/3。

扦插

植物的繁殖方法中，除了分株之外，较为简单的方法就是扦插。难以分株的品种以及病害少、生长旺盛的品种都适合扦插。

在适当的时期、用洁净的基质扦插

扦插可以分为用顶端嫩芽的“芽插”、用茎部的“茎插”、用花芽中间的芽“高芽插”、用叶片的“叶插”。不管哪种都要在插穗剪下后立刻扦插。

适合时期 初夏（5—7月）和秋季（秋分至10月下旬）。

土壤 市面上出售的扦插用土或小粒赤玉土、鹿沼土等洁净的基质。

扦插的要诀和扦插后的管理

切口要与基质紧密贴合 成功扦插的一个要点在于使用没有开过花的幼嫩枝条，把插穗剪下后适当调整，让切口与基质紧密贴合。有空隙或晃动都不容易发根。

管理中不能缺水 把扦插盆放在遮风明亮的阴处，保持不缺水，多数植物在2周左右就会发根。铁线莲一般是初夏扦插，大约需要1个月才能发根。新芽萌生是扦插成功的标志，这时可以一株一株分别上盆，放在适当的日照环境下管理。

插穗的调整

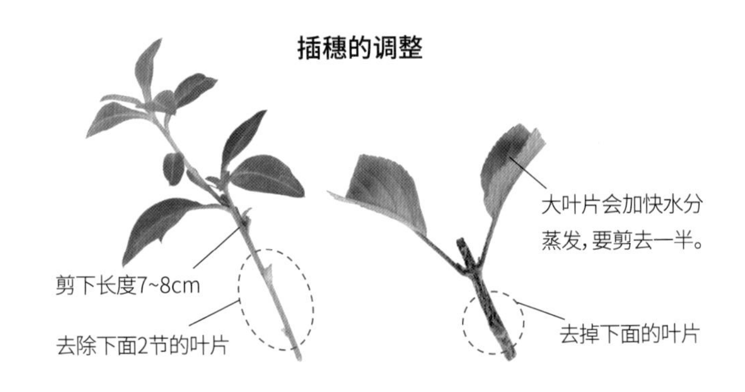

枝插

例/莸‘雪仙女’

利用有侧芽的茎来扦插。

把有侧芽的茎在距离节2cm处剪下。

一共剪成3段插穗。

在湿润的基质里插入插穗。

适合茎插的植物

鼠尾草、宿根紫菀、矾根、福禄考、婆婆纳、橙香薄荷等多数宿根植物。

*从茎的切口上发根，要用手指把茎周围的基质按压稳定。

扦插结束之后，充分浇水。

大约2周后开始发根，3周左右可以上盆了。

分别栽种到直径7.5cm的育苗钵里。

高芽扦插

例/重瓣剪秋萝

剪秋萝不能用种子繁殖出重瓣花，所以要用高芽来扦插。

剪下花茎中间部分，每段1~2cm。

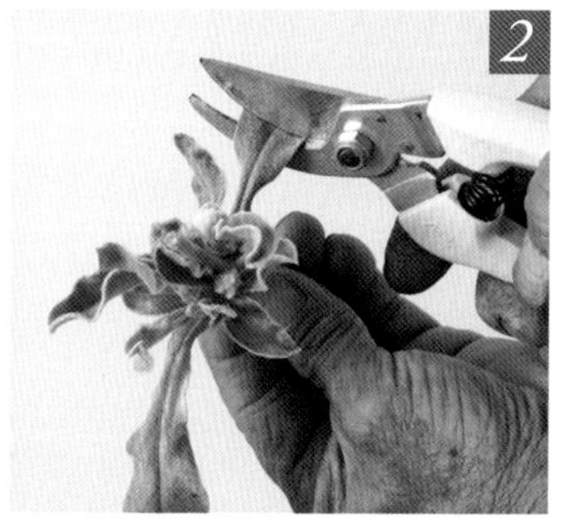

为了防止水分蒸发，把叶片剪掉一半。

调整好的插穗，立刻扦插的话不用泡水。

适合高芽扦插的植物

宿根水苏、萱草、紫露草、剪秋萝、半边莲等。

在湿润的基质里插入插穗，深度是稍微盖住侧芽的程度。

扦插结束，浇水。

*大约2周后，不是从茎干上，而是从芽的下方发根。剪下茎干是为了在扦插时固定高芽部分。

叶插 例/风梨百合

在花后立刻叶插，可以生发球根。

叶片剪成6~7cm小段。

剪好后的叶片，注意不要上下颠倒。

在浅花盆里放上扦插基质，将叶段下部1/4埋进基质。

大约3个月后，发根，并长出小球根。

水培发根，开花中的凤仙。

可以水培的植物

凤仙、莸、海棠、大戟的一部分品种，在杯子里水培，就可以发根。在初夏或是秋季水温不容易上升的季节操作比较合适。

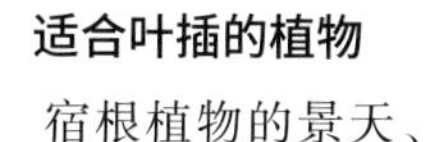

适合叶插的植物

宿根植物的景天、岩桐等。

12个月的花园工作

本月的宿根植物

梅雨结束后日照强烈，植物们也从春季的旺盛生长里告一段落。耐热的品种会继续开花，花叶、彩叶的观叶类以及在阴处开花的植物发挥出它们的魅力，百合类成为花园里醒目的存在。这时需要为植物减轻负担，及时摘除残花、修剪和回剪枝条。这样也可以让株形更好，避免拥挤和杂乱。秋天开花的宿根植物，这时开始花芽分化。

主要的管理工作

遮阴

7月下旬开始，强烈的日晒和缺水会造成植物焦叶，应将盆栽植物移到阴凉处，栽在花园里的宿根植物如果出现了严重焦叶的话，尽可能把它们移植到不晒的地方。也可以把牵牛花等藤本植物种植到怕晒的植物上方或前方，为它们遮挡阳光。

为不耐热的报春类进行地表覆盖。

扦插

鼠尾草、凤仙、彩叶草、日日春等耐热的一年生植物可以用扦插来繁殖，另外，西番莲、木本曼陀罗等热带植物也适合在高温期扦插（扦插方法参见140页）。

盆栽植物的管理

除了耐热性强的品种以外，大部分盆栽最好移动到树荫下（浇水方法参见143页）。基本上不需要施肥，生长旺盛的小苗可以喷施稀薄的液肥。

*关于病虫害请参见135页。

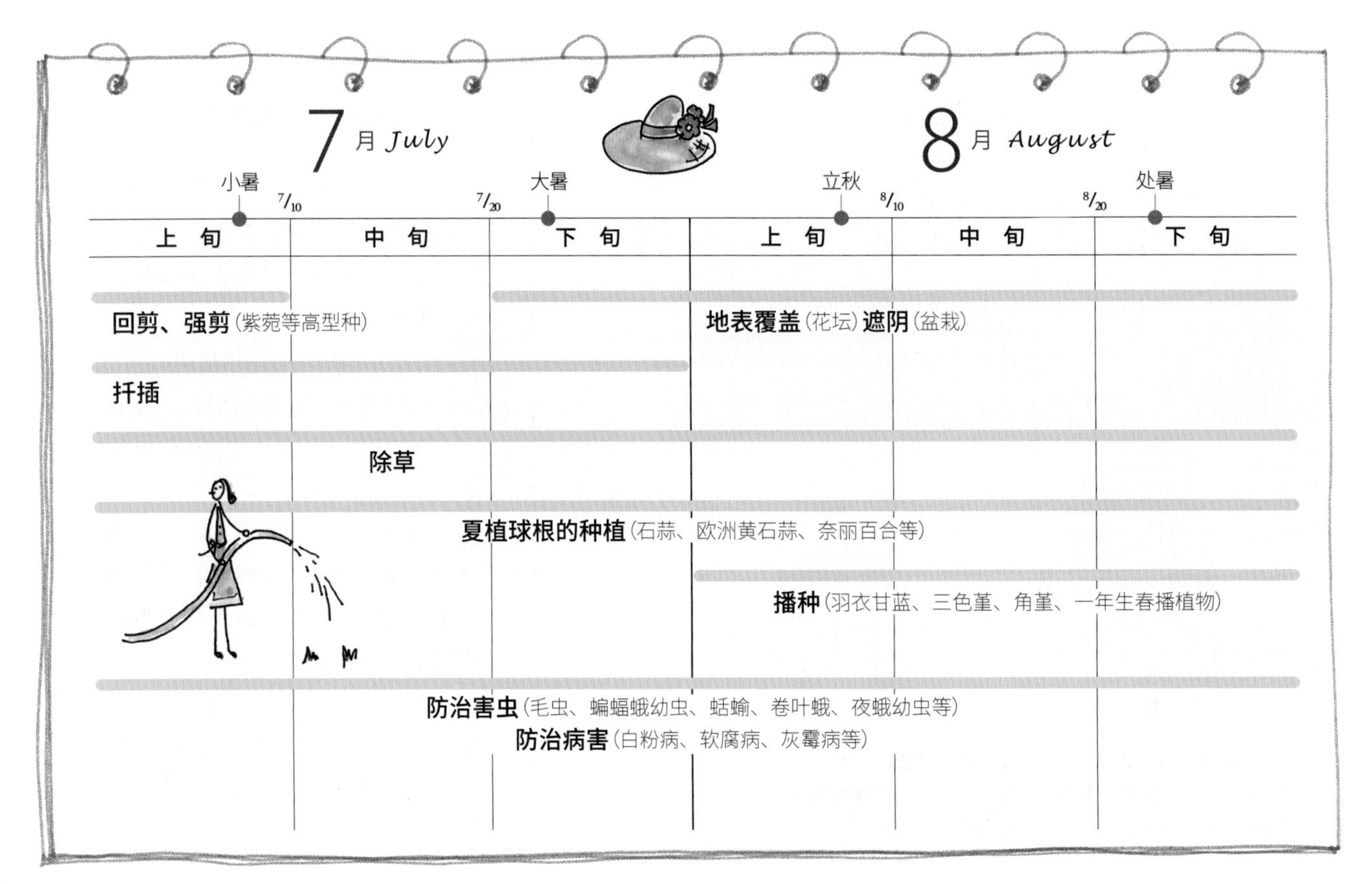

摘除残花

可以二次开花的品种，在开花结束后，要尽早摘除残花。

1 桔梗的花期结束。

2 从开花的节上剪断。

3 如果剪切方法和时机恰当，一般半个月后会再次开花。

扦插苗的上盆

6月扦插的小苗一个月后就适合上盆了。用种植营养土上盆。

1 扦插苗成活后1个月，已经可以上盆的凤梨鼠尾草。

2 用直径9cm的小盆给每株小苗上盆。

3 上盆完成。

还可以进行这样的工作

百子莲的播种

百子莲的种子成熟后会变黑，从种荚里爆出。不妨把种子采集下来，立刻播种。从播种到开花需要3~4年，很多子株都会与亲本的花色呈现出微妙的差异，非常值得期待。

使用播种用土即采即播，大约10天发芽。图中是发芽后大约1个月的样子。

百子莲的种子，开始从种荚里散出时，把种荚整个剪下来。

夏季浇水的要诀

梅雨结束后的夏季，浇水基本以每天早晚各一次，从花盆底流出水来的程度为宜。过分湿润会造成根部腐烂，不耐热的植物要注意遮阴，避免细菌侵入发生软腐病。

对于盆土还湿润但是叶片软耷的植株，要停止浇水，放在阴凉处观察。夏季的浇水除了补充水分，还有让植株和盆土降温的作用。像淋浴一样给植物全株喷淋，或是给花盆周围洒水，都可以为酷热中的植物起到降温的作用。

对于在花园中种植的植物，如果持续晴朗天气或是园土已经干燥，应在早晨或傍晚浇水。

9月

12个月的花园工作

本月的宿根植物

暑热渐渐消退，秋风送爽，这是气候多变，时有台风的时节台风多。随着夜间温度下降，宿根植物的花色更鲜艳，开花的持久性也更好。夏季开花的一些品种开始进入二次花期，荷兰菊类秋花植物开始开花，夏花和秋花齐聚一堂。石蒜开花时，就是适合芍药等块茎植物分株的时候。

主要的管理工作

种植、分株

从秋分到10月，都是适合种植和分株的时候，分株主要是针对春季开花的宿根植物。

台风对策

9月是常风台风，为了把台风对花园和植物的损害降到最低，必须做好准备工作。首先把盆栽移放到屋檐下，秋季开花的荷兰菊和鼠尾草的周围用支柱搭成三角形的支架，再覆盖防风网，尽量降低狂风的伤害。夏花品种在开花结束后要及时整理茎叶，如果被台风吹折了枝叶，要立刻剪掉，整理干净。

盆栽的管理

9月中旬还是继续放在阴凉处管理，秋分以后可以拿到向阳处，浇水按照干透浇透的原则，施肥也可以重新开始。根据不同植物有针对性地选用颗粒肥和液体肥，也可以两者混用。

金光菊花后的花心也很有观赏价值。

*关于病虫害防治参见135页。

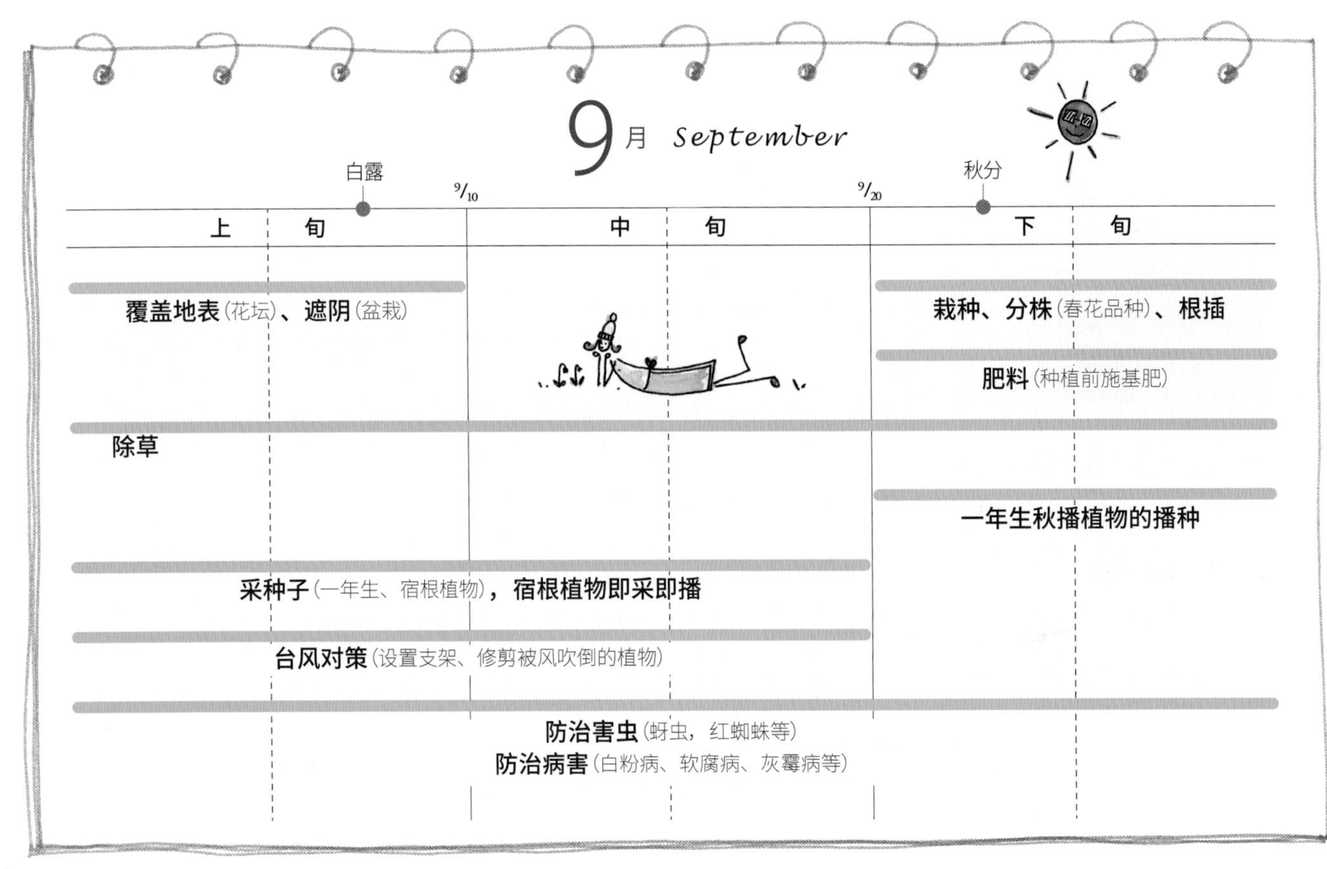

本月的宿根植物

秋意渐深，宿根鼠尾草等短日照的宿根植物开始成为花坛的主角，观果植物和观赏草的花穗招人喜爱，秋水仙也光彩照人。秋季是宿根植物充实的时候，地下茎生长成熟，地面上的植株基部冒出了新芽，所有的植物都在为冬季的到来做准备。这段时间也是适合栽种、分株和扦插的时间。

主要的管理工作

栽种、分株

本月是春季开花的宿根草栽种和分株的时期，主要的春花宿根植物有鸢尾、六出花、海石竹、虾脊兰、荷包牡丹、芍药、宿根石竹、丛生福禄考、白芨、铃兰、侧金盏花等。在花坛里选好位置，加入腐叶土，改良土壤环境以下促进排水后，就可以开始栽种了。如果在天气变凉后的晚秋种植，需要用堆肥或是腐叶土覆盖在根部土表，以利于发根（参见153页）。关于植物的分株，不同有不同品种的方法（参见147页）。

荻花飘舞、荷兰菊盛开的秋日花园。

根插

和早春一样，10月也适合宿根植物的根插，秋牡丹和蓝刺头等在秋季栽种的品种，可以同时根插繁殖（参见150页）。

扦插

和初夏一样，各种宿根植物都可以扦插繁殖，在气温上升较快的初夏扦插后容易腐败的品种，有时在10月可以很好地发根。

紫绒鼠尾草和减色鼠尾草等较不耐寒的品种用扦插培育小苗，放在室内过冬。有些品种还可以水培，当作切花瓶插水培，下面就会生出根来，凤仙和海棠类用水培就很容易发根。

播种

有些一年生和宿根植物因为没有及时摘除残花，种子不知不觉就成熟了，这时不妨在种子掉落前找一个晴朗的日子采种。宿根植物可以即采即播，一年生的春播植物种子则需妥善储存。在通风良好的阴凉处晾干后，去除茎叶，分类收入纸袋里，然后再放入密封容器，保存在冰箱里。

一年生秋播植物的播种

金盏菊、金鱼草、千鸟草、福禄考、矢车菊、勿忘我等一年生秋播植物已经可以播种。应按照10月下旬到11月上旬间小苗能种植到花坛里的原则来安排播种时间（播种方法参见136页）。

春植球根的起球

春植球根植物要在严寒来临前挖出球根。如果忘记及时起球，在有些地区球根可能会受冻而烂在地里。起球后晾干，除掉泥土和枯叶。唐菖蒲、彩眼花、鸢尾科的球根放入网袋，其他种类收入盒子，加上蛭石等放进没有加温的室内保存。

盆栽的管理

整个10月都可以把花盆放在普通的场所管理，当寒冬来临后，盆土变干的时间会变长，注意要减少浇水频率，等到干后再浇。在肥料使用方面，由于圣诞玫瑰和报春类即将迎来花期，要使用液肥追肥。而那些进入休眠期的宿根植物则不用施肥。

*关于病虫害防治参见135页。

还可以进行这样的工作

秋植球根的栽种

10月是秋植球根的栽种期。可以在宿根草花的花坛里种上球根，尝试下多层次栽培（参见110页）。插图以$4m^2$的花坛为例子，介绍种植的宿根植物和搭配的球根，另外覆土高度基本为球根高度的3倍，间隔为球根直径的2倍。

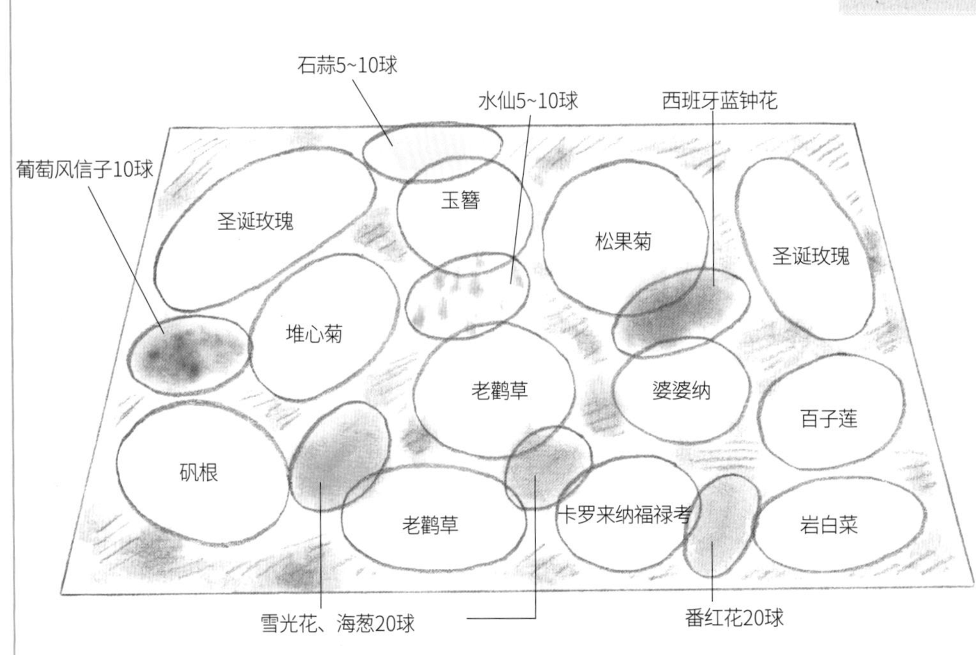

宿根植物间种植球根（以2m x 2m的花坛为例）

观察第二年、第三年的状态后，适度补充些风信子和雪滴花，也可以零星种植些绵枣儿。

宿根植物的秋季分株

秋季是春花宿根植物分株的最佳时期。下面以几个人气品种为例，介绍分株的方法。

荷包牡丹

丛生的宿根植物在晚秋落叶，地下部分次年发芽。粗壮的根系盘结，注意分割时带芽头，不要伤到粗根。图中是荷包牡丹种植后第二年的盆栽苗。

抖落泥土，可以看到粗根和白色的芽。

分割成两块，在容易下手的地方插入剪刀剪出刀痕。

用双手掰开。

分成两半。

*种植方法参见103页。

芍药

丛生品种，分株时分成带有两三个芽头的小块。

抖落泥土，剪成带有两三个芽的2块，根茎非常坚硬，用剪刀先剪开。

*种植方法参见103页。

用手分开。

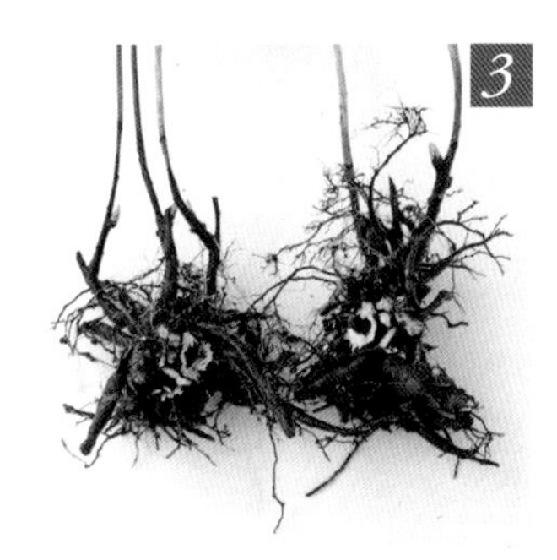

分成两半。

铃兰

在地下茎的顶端生长芽头的类型，分割成带有两三个新芽的小株。

拔出盆栽的植株后，可以看到新芽。

*大的芽是开花芽，小的芽是叶芽。

打散根系。

分成带两三个芽的小株。

玉簪

母株的周围长出新芽，成块状增殖，可以分成适当的大小。在这里是把盆栽苗一分为二。

用拳头敲打根团，敲落附着的泥土。

找到容易分割的地方，用剪刀插入切割。

用手把植株掰开。

分成两大部分。

把茎叶从基部上方1cm处剪掉。

操作结束，立即移栽。

*种植方法参见103页。

德国鸢尾

根茎越分株越能发根的种类。分株时要去掉老根茎。

用铁锹铲出植株，多年没有分株的植株，根茎已经交错重叠了。

首先分成两大部分。

从伸长的老根茎上，把分支出来的新根茎掰下来。

花菖蒲和燕子花在花后的初夏进行分株

溪荪、花菖蒲、燕子花都应在花后立刻进行分株、移植。分株的方法和德国鸢尾一样，剪掉1/2的叶片后立刻种植。花菖蒲和燕子花喜好水分，在花坛里种植花菖蒲时，需挖出种植穴，深植（种植方法参见103页）。燕子花一般是种在花盆里，再把花盆放入盛水的容器里。

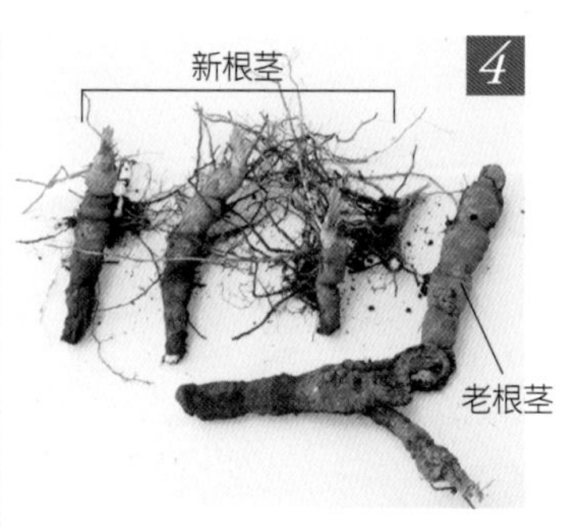

根茎分开后的状态。长老根茎种植后也会出不定芽。

圣诞玫瑰

从生品种，长期固定种植的话，中心部分不再萌芽，根茎会露出来。在生长衰弱前，进行分株繁殖。

没有芽头

中心部分根茎露出的圣诞玫瑰。

用铁锹掘出整个植株，尽可能不要弄断根。

捶打根团，抖落泥土。

剪掉老叶（只有秋季分株的时候）。

用剪刀剪成两大块。

分成两株。

如果种回到同样的地方，需要改良土壤

很多植物都有连作障碍（把同样的植物长期种植在同一地点，植株的生长会衰弱），为了防止这一现象发生，理想的做法是移植到新的地点。如果因为花坛空间有限，不得不种在同一地点的话，就需要改良土壤。

这里介绍改良土壤，种回同一地点的方法。

平整种植地点，堆上5cm厚的腐叶土。

用铁锹拌匀。

改良土壤可以让生长状态变得良好

把圣诞玫瑰挖出来，在种植穴内拌入腐叶土和堆肥以提高土壤肥力就可以改善生长状况。

挖掘种植穴，种下植物，不要埋住芽头。

充分浇水，利用水流把泥土均匀的冲入根系间。

种植结束。

根插

从根部生出不定芽的植物，可以把根段放在土壤中根插繁殖。适合根插的时期是早春或秋季。

*不定芽：从没有生长点的地方冒出的新芽。

根插的要点和管理

根插的要点是，不能把根的上下位置颠倒，所以多采取横向放置。有的植物从根段上部发芽，有的则是和从根段中间发芽。

根插后要保持基质湿润，不能干透。根段直到出芽为止都没有地上部分，所以要注意不要忘了浇水。出芽后应将花盆放在日照良好处，直到幼苗出现5~6片真叶为止，保持正常管理。

琉璃菊的简易根插

将琉璃菊从花盆里取出，把根团从中间割开。分割后的根团直接上盆。

约半年后，新芽发出，生长旺盛。

适合时期　早春（3月），秋季（秋分至10月下旬）。

土壤　市面上出售的扦插专用土或是小粒赤玉土4份、小粒鹿沼土3、腐叶土3的混合土。

秋天根插的时候要将花盆放在盆土不会冻结的地方。

可以根插的宿根植物

茛力花（参见124页）、樱草、秋牡丹、琉璃菊、堇菜、松叶大戟、大花月见草、柳穿鱼、地黄等等。

蓝刺头的根插

蓝刺头喜好冷凉的气候，适合在秋季根插繁殖。使用直径3~5mm的根。

剪下直径3~5mm的根条。

分成长度7~8cm的小段。

在浅盆里填入种植土，根段横排放好，注意不要重叠。

覆土2cm左右，充分浇水。

根插后大约半年，蓝刺头长出健康的新芽，生长良好。

11·12月

12个月的花园工作

晚秋的清晨，白霜覆盖着花园和红叶的树木。

本月的宿根植物

晚秋到初冬菊花盛开，秋季的花卉还会持续开花一段时间。秋牡丹的果实爆开，露出里面的白色绵毛。大多数的宿根植物地上部分开始枯萎，逐渐进入休眠。观察植物的生长状态后按顺序给它们修剪整理。常绿的品种十分耀眼，圣诞玫瑰的花芽也日益膨大。葡萄风信子、石蒜的叶片繁茂，成为冬季里难得的绿色。

主要的管理工作

防冻

11月开始下霜。10月下旬至11月种下的花苗根系还没有扎好，为了防止霜害和冻害，要用无纺布覆盖或是在根部盖上腐叶土、树皮、堆肥等厚覆盖物保护。覆盖可以促进植物生根，防止土壤冻结时根团抬起而伤根。

种植、分株

春季开花的宿根植物品种、耐寒性强的品种以及进入休眠的品种，10月之后可以继续分株和栽种工作。适合分株的宿根植物有玉簪、圣诞玫瑰、老鹳草、钓钟柳等强健品种，操作时尽量不要伤到根系。盆栽的铁线莲可以分株，但是地栽的植物除了圆锥铁线莲之外不要勉强进行分株。

整理枯萎的茎叶

观察花园，整理枯萎的茎叶。不要伤到茎干上的新芽，从距离新芽数厘米的上方修剪。秋牡丹、气球唐绵、柳兰等如果及时没有剪掉残花，就会结出种荚。种荚富有观赏性的的植物可以保留种荚，一直观赏到种子脱落。

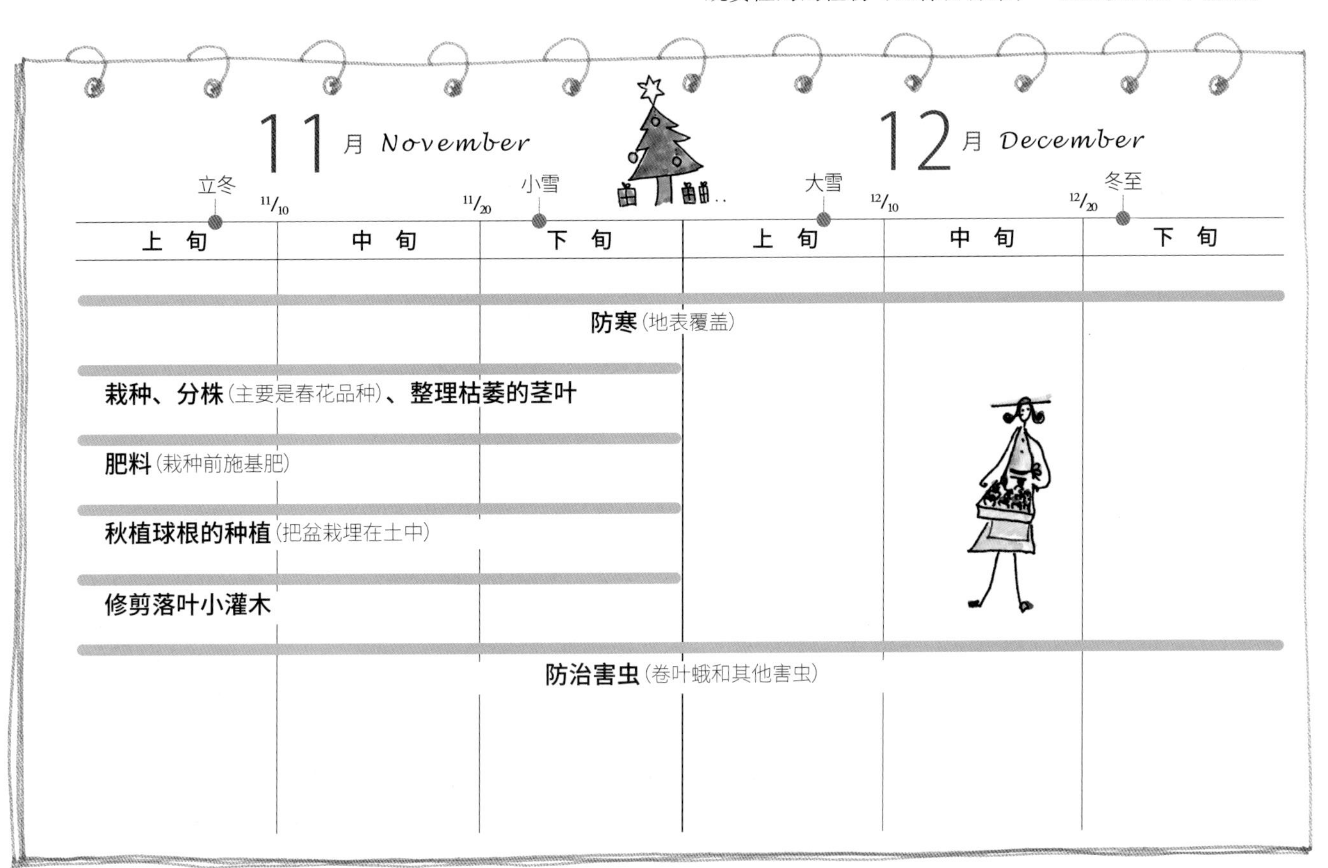

整理枯萎的茎叶

为了不弄伤新芽，要从芽头上方数厘米处修剪。保留秋牡丹、马利筋、柳兰的残花，会结出美丽的种子。这些很有秋月风情的品种，可以一直欣赏到果实掉落。

用树篱剪剪掉荷兰菊枯萎后的花茎。

剪除花茎后会冒出新芽来，在新芽周围用树皮覆盖防寒。

整理晚秋花园里枯萎的茎叶。开始春天的准备工作。

盆栽的管理

除了圣诞玫瑰，大多数宿根植物此时都在休眠中。休眠中的球根虽然可以在户外过冬，但最好放在寒风侵蚀不到、容易管理的地方。等到盆土干燥时再浇水，花园有空间的话，将盆栽埋进土中不仅可以防止干燥和冻结，还可以省去浇水的麻烦。

生长中的圣诞玫瑰适宜放在日照良好的地方，干燥后要充分浇水，定期施稀薄的液肥。

把秋植球根埋进土里，利用腐叶土覆盖表面。

将球根盆栽埋进花园里

为了防止盆栽的秋植球根盆土干燥和冻结，可以把花盆埋在花园的一角。此外还可在花盆上用腐叶土覆盖以防寒。

还可以进行这样的工作

防寒棚的构造

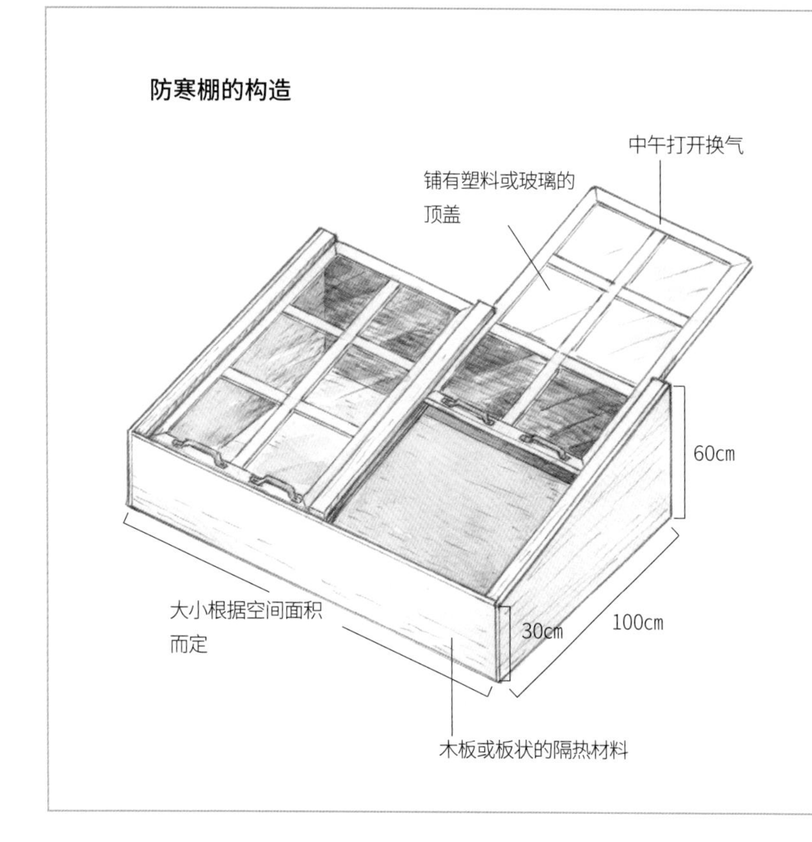

制作防寒棚

防寒棚是用木板围住四边，然后在顶部铺上能透过阳光的玻璃或是塑料，并带有可开启的窗状顶盖的简易防寒保温装置。防寒棚对于幼苗和耐寒性差的植物来说是越冬的好帮手。防寒棚的大小可以根据花园空间的面积来决定，材料除了木板以外，四周也可以用其他硬质的隔热板。

在晴天的中午打开防寒棚的顶盖换气，保持通风良好。在寒冷的地区，夜间可在防寒棚上铺上泡沫气垫，再盖上塑料布加强防寒效果。

晚秋的栽种

晚秋季节也适合栽种宿根植物。

要点 严寒即将到来，稍微弄散植株的根团，栽种后要给根部覆盖保温。覆盖材料有树皮、腐叶土等，枯枝落叶也可以。

需要准备的用品

腐叶土、苗、铁锹、移栽手铲、树皮堆肥等。

在准备栽种的土地里混入腐叶土。

摆放小苗，观察效果。

轻轻弄松根团。

挖掘种植穴，种入花苗，轻轻按压根部。

充分浇水，在植株间撒上堆肥。

用堆肥覆盖根部。

制作腐叶土

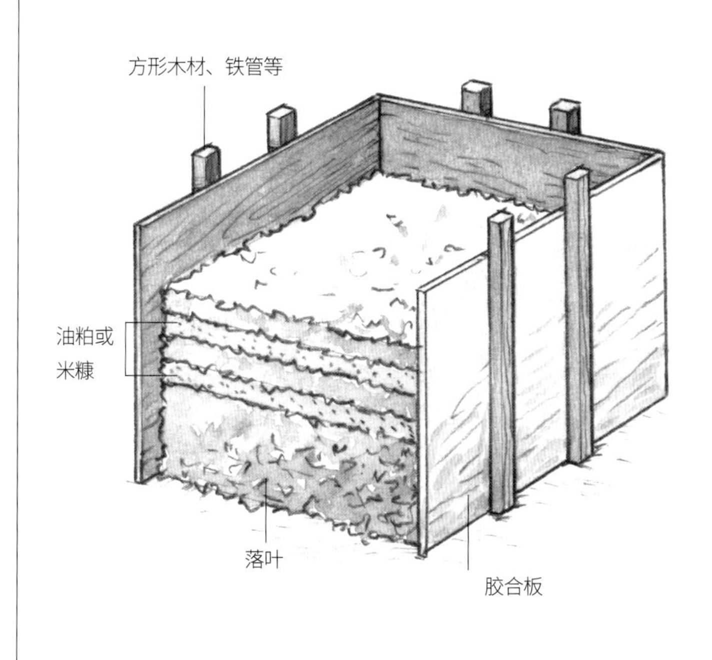

在落叶树较多的花园里，晚秋时节经常会因为大量的落叶而烦恼。其实，可以利用落叶来制作腐叶土。

用作腐叶土材料的可以是除针叶树以外所有的落叶。米槠、橡树等常绿树的落叶或是竹叶也可以使用。如果可以找到米糠或是油粕的话，在落叶的中间分层撒上，就可以成为很好的堆肥。用胶合板围住四面，做成箱子状，即可在中间制作堆肥了。箱子的大小可以根据落叶的数量改变，一般来说边长70cm较为方便制作。

制作方法

1. 用木材或是铁管，按照左图的方式两根一组打入土里，立上胶合板，围住三面。

2. 收集落叶，踩踏扎实，如果有米糠或是油粕，在落叶的中间分层撒上，反复此操作。

3. 堆到一定高度时，在空的面装上最后一块木板，

4. 盖上塑料布，让落叶腐烂，每半月一次打开塑料布，用铁锹上下翻动，如果太干燥就洒水湿润。

*春天之前一直持续这样的操作，到初夏就成为腐叶土(加入米糠的话就是堆肥)。

图书在版编目（CIP）数据

不败的花园——宿根花卉全书 /（日）小黑晃著；药草花园译.
-- 武汉：湖北科学技术出版社，2016.4
ISBN 978-7-5352-8247-7

Ⅰ.①不… Ⅱ.①小… ②药… Ⅲ.①宿根花卉—观赏园艺 Ⅳ.① S682.1

中国版本图书馆 CIP 数据核字 (2015) 第 223899 号

责任编辑：张丽婷
封面设计：胡　博
出版发行：湖北科学技术出版社 www.hbstp.com.cn
地　　址：武汉市雄楚大街 268 号出版文化城 B 座 13-14 层
电　　话：027-87679468　　邮　　编：430070
印　　刷：武汉市金港彩印有限公司　　邮　　编：430023
开　　本：889×1092　1/16
印　　张：9.5
版　　次：2016 年 4 月第 1 版
印　　次：2016 年 4 月第 1 次印刷
定　　价：58.00 元